U0184417

工业机器人仿真与离线编程

主　编◎赵晓梅

副主编◎向　军　袁玉奎

参　编◎徐德玲　王　川　韦　娜

　　　　王鸿君　杨　波

重庆大学出版社

图书在版编目(CIP)数据

工业机器人仿真与离线编程／赵晓梅主编. -- 重庆：
重庆大学出版社，2022.5
中等职业教育智能制造类专业系列教材
ISBN 978-7-5689-2571-6

Ⅰ.①工… Ⅱ.①赵… Ⅲ.①工业机器人—仿真设计
—中等专业学校—教材②工业机器人—程序设计—中等专
业学校—教材 Ⅳ.①TP242.2

中国版本图书馆 CIP 数据核字(2022)第 057632 号

中等职业教育智能制造类专业系列教材

工业机器人仿真与离线编程

主　编　赵晓梅

责任编辑:章　可　　版式设计:章　可

责任校对:邹　忌　　责任印制:赵　晟

*

重庆大学出版社出版发行

出版人:饶帮华

社址:重庆市沙坪坝区大学城西路 21 号

邮编:401331

电话:(023)88617190　88617185(中小学)

传真:(023)88617186　88617166

网址:http://www.cqup.com.cn

邮箱:fxk@ cqup. com. cn(营销中心)

全国新华书店经销

重庆俊蒲印务有限公司印刷

*

开本:787mm×1092mm　1/16　印张:17.5　字数:395 千

2022 年 5 月第 1 版　　2022 年 5 月第 1 次印刷

ISBN 978-7-5689-2571-6　定价:49.00 元

前 言
QIANYAN

近年来,工业机器人已然成为机器人领域的排头兵,在各行各业应用广泛。越来越多的企业建立智能化工厂,中国也成为全球最大的工业机器人市场。企业为保障生产高效率、低成本,大多数情况下不允许工业机器人的程序编辑、调试等操作直接运用生产线上的工业机器人本体来完成。这就要求各职业院校要培养熟悉并掌握工业机器人仿真编程技术的高技能应用型人才,以保障企业正常生产的需要。

本书以 ABB RobotStudio 虚拟仿真软件为平台,对软件的下载、安装,仿真工作站的创建与参数配置,虚拟示教器的操作,工具的 3D 建模进行详细讲解,并配有操作示范视频,对常用工业机器人涂胶、搬运、码垛工作站的离线编程与仿真给出详细的操作方法和相关知识的讲解。

本书由赵晓梅主编,向军、袁玉奎担任副主编,项目 1 由重庆市永川职业教育中心袁玉奎编写,项目 2、项目 5 由重庆市永川职业教育中心赵晓梅编写,项目 3 由重庆市南川隆化职业中学校韦娜编写,项目 4 由重庆华中数控技术有限公司王川编写,项目 6 由重庆市龙门浩职业中学校徐德玲编写,项目 7 由重庆市永川职业教育中心向军编写。王鸿君、杨波参与了本书的教学资源建设。在此对以上参加编写的老师表示衷心感谢。

本书编写过程中,参考了"ABB 初级工程师认证""1 + X 工业机器人操作与运维"职业技能等级标准的要求,以期给从业人员和各职业院校相关专业师生提供实用性指导和帮助。

由于编者水平有限,书中难免有不妥之处,欢迎广大读者和同行专家批评指正。

编者
2021 年 8 月

目 录
MULU

▶ **项目一 认识工业机器人**
  任务一 了解工业机器人 ·················· 1
  任务二 了解工业机器人编程 ·················· 9

▶ **项目二 认识工业机器人仿真软件**
  任务一 初识工业机器人仿真软件 ·················· 14
  任务二 构建与保存工业机器人虚拟工作站 ·················· 21
  任务三 创建工业机器人仿真系统 ·················· 29
  任务四 工业机器人虚拟手动关节操作 ·················· 34

▶ **项目三 操作工业机器人虚拟示教器**
  任务一 简单操作虚拟示教器 ·················· 39
  任务二 手动操作虚拟示教器 ·················· 47
  任务三 配置工业机器人常用 I/O 信号 ·················· 58

▶ **项目四 创建常用工具的 3D 模型**
  任务一 利用 RobotStudio 软件给胶笔工具创建 3D 模型 ·················· 75
  任务二 利用 SOLIDWORKS 软件给夹爪工具创建 3D 模型 ·················· 85
  任务三 利用 SOLIDWORKS 软件给吸盘工具创建 3D 模型 ·················· 105

▶ **项目五 涂胶工作站离线编程与仿真**
  任务一 创建虚拟涂胶工作站 ·················· 119
  任务二 工业机器人坐标系 ·················· 128
  任务三 创建涂胶运动轨迹程序 ·················· 146
  任务四 涂胶运动轨迹程序仿真运行 ·················· 176

▶ **项目六 搬运工作站离线编程与仿真**
  任务一 吸盘工具的创建 ·················· 186

任务二 创建搬运工作站 …… 194
任务三 新建例行程序及创建程序数据 …… 206
任务四 离线搬运程序仿真运行 …… 217

▶项目七 码垛工作站离线编程与仿真
任务一 机器人夹爪工具创建 …… 233
任务二 用 Smart 组件创建动态夹爪与设置传送带 Smart 组件 …… 240
任务三 离线码垛程序仿真运行 …… 259

项目一 认识工业机器人

▶项目描述

工业机器人是集机械、电子、控制、计算机、传感器、人工智能等多学科高新技术于一体的新兴产业智能化设备，不但能够长期昼夜不停、永不疲倦地工作，而且精准性好、可靠性高、稳定性强，能够有效替代重复性、危险性、体力性、精确性的人工作业，极大提升产品质量，有效提高生产效率，改善劳动环境，保障人身安全，减轻劳动强度，降低生产成本。随着工业机器人的广泛运用，对其完成复杂任务的能力要求也越来越高，传统低效率的示教编程必须向离线编程转变，且对离线编程的要求越来越高。本项目主要介绍工业机器人的定义、特点、组成和分类，ABB工业机器人常用系列产品，以及工业机器人的编程方式和国内外常用离线编程软件。

▶学习目标

知识目标

掌握工业机器人的定义、特点、组成和分类；

掌握工业机器人的编程方式。

技能目标

能说出ABB工业机器人常用系列产品的基本参数；

能说出国内外常用的工业机器人离线编程软件；

能说出常用工业机器人离线编程软件的基本功能。

任务一 了解工业机器人

▶任务描述

本任务主要介绍工业机器人的定义、特点、组成和分类，并认识ABB工业机器人常用系列产品。

▶相关知识

一、工业机器人的定义

国际标准化组织（ISO）对工业机器人（Manipulating Industrial Robot）的定义：工业机器人是一种自动的、位置可控的、具有编程能力的多功能操作机，这种操作机具有几个轴，能够借助可编程操作来处理各种材料、零件、工具和专用装置，以执行各种任务。即工业机器人是面向工业领域的多关节机械手或多自由度的机器人，是自动执行工作的机器装置，靠自身动力和控制能力来实现各种功能的机器。

1

二、工业机器人的特点

1. 可编程

工业机器人可随其工作环境的变化和需要进行编程,在小批量、多品种、高效率的生产过程中能发挥很好的作用,能配合组成柔性制造系统。

2. 拟人化

工业机器人在机械结构上有类似人的脚、腰、大臂、小臂、手腕、手掌等部分,而系统控制器像人的大脑一样控制机械结构的各部分正常工作。智能化的工业机器人配有类似于人的"生物传感器",如皮肤型接触传感器、力传感器、负载传感器、视觉传感器、声觉传感器等。

3. 通用性

一般的工业机器人在执行不同的作业任务时具有较好的通用性,只需为工业机器人更换手部末端操作器(手爪、工具、胶笔等)便可执行不同的作业任务。

三、工业机器人的组成

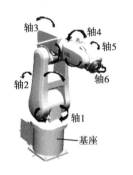

图 1-1　IRB120 机器人的本体

工业机器人由基座、机械系统、控制系统、驱动系统(液压缸、电机等)、执行系统、检测系统等组成,机械系统是执行机构,它是像人的手臂一样的链式机构,一端固定在基座上,另一端可自由运动,通常由杆件和关节组成。基座是行走机构,是机器人的基础部分,起支撑作用,整个执行机构都安装在基座上。ABB IRB120 机器人本体如图 1-1 所示,有 6 个轴,每个轴都有自由活动度。驱动系统主要指驱动机械系统动作的驱动装置。控制系统是通过对驱动系统的控制,使执行系统按照规定的要求进行工作。检测系统是通过各种检测器、传感器检测执行机构的运动状况,以便对执行机构进行调整。

▶ 任务实施

ABB 公司是全球领先的工业机器人技术供应商,提供包括机器人本体、软件和外围设备在内的完整应用解决方案,以及模块化制造单元和服务。ABB 机器人在全球 53 个国家、100 多个地区开展业务,全球累计装机量 40 余万台,涉及众多的行业和应用领域,本书主要以 ABB 工业机器人为例进行讲解。下面将介绍 ABB 工业机器人常用系列产品。

1. IRB120 机器人

IRB120 机器人,如图 1-2 所示,是迄今最小的多用途机器人,质量仅为 25 kg,荷重 3 kg(垂直腕为 4 kg),具有低投资、高产出的优势。其参数见表 1-1。该机器人已经获得了 IPA 机构"ISO 5 级洁净室(100 级)"的达标认证,能够在严苛的洁净室环境中充分发挥优势。

2. IRB1200 机器人

IRB1200 机器人,如图 1-3 所示,能够在狭小空间内淋漓尽致地发挥其工作范围与性能

2

优势。两次动作间移动距离短,既可以缩短节拍时间,又有利于工作站体积的最小化,堪称以小取胜、引领同业的设计典范,其参数见表1-2。

图1-2　IRB120机器人

表1-1　IRB120机器人参数

型号	到达范围	承重能力
IRB120—3/0.6	0.58 m	3 kg(4 kg)
IRB120T	0.58 m	3 kg

图1-3　IRB1200机器人

表1-2　IRB1200机器人参数

型号	到达范围	承重能力
IRB1200—7/0.7	0.7 m	7 kg
IRB1200—5/0.9	0.9 m	5 kg

3. IRB140机器人

IRB140机器人,如图1-4所示,其体积小,动力强,可靠性高,速度快,操作周期时间短,精度高,零件生产质量稳定,功率大,适用范围广,坚固耐用,适合恶劣的生产环境,通用性佳,适合柔性化集成和生产,参数见表1-3。

图1-4　IRB140机器人

表1-3　IRB140机器人参数

型号	到达范围	承重能力
IRB140—7/0.7	0.7 m	7 kg
IRB140—5/0.9	0.9 m	5 kg

4. IRB1410机器人

IRB1410机器人,如图1-5所示,在弧焊、物料搬运和过程应用等领域历经考验,自1992年以来的全球安装数量已超过14 000台。其性能卓越、经济效益显著,参数见表1-4。

图1-5　IRB1410机器人

表1-4　IRB1410机器人参数

型号	到达范围	承重能力
IRB1410	1.44 m	5 kg

5. IRB1520ID 机器人

IRB1520ID 机器人,如图 1-6 所示,是一款高精度中空臂弧焊机器人(集成配套型),能够实现连续不间断地生产,可节省高达 50% 的维护成本,与同类产品相比,焊接单位成本最低,参数见表 1-5。

图 1-6　IRB1520ID 机器人

表 1-5　IRB1520ID 机器人参数

型号	到达范围	承重能力
IRB1520ID	1.50 m	4 kg

6. IRB1600 机器人

IRB1600 机器人,如图 1-7 所示,最大承重能力达 10 kg,可以大大缩短工作周期,最快时仅需其他机器人一半的工作周期,参数见表 1-6。

图 1-7　IRB1600 机器人

表 1-6　IRB1600 机器人参数

型号	到达范围	承重能力
IRB1600—6/1.2	1.2 m	6 kg
IRB1600—6/1.45	1.45 m	6 kg
IRB1600—10/1.2	1.2 m	10 kg
IRB1600—10/1.45	1.45 m	10 kg

7. IRB1600ID 机器人

IRB1600ID 机器人,如图 1-8 所示,是专业弧焊机器人,采用集成式配套设计,所有电缆和软管均内嵌于机器人上臂。该款机器人线缆包含供应弧焊所需的全部介质,包括电源、焊丝、保护气和压缩空气,参数见表 1-7。

图 1-8　IRB1600ID 机器人

表 1-7　IRB1600ID 机器人参数

型号	到达范围	承重能力
IRB1600ID—4/1.5	1.50 m	4 kg

8. IRB2400 机器人

IRB2400 机器人,如图 1-9 所示,拥有极高的作业精度,在物料搬运、机械管理和过程应用等方面均有出色表现,参数见表 1-8。

图 1-9　IRB2400 机器人

表 1-8　IRB2400 机器人参数

型号	到达范围	承重能力
IRB2400/10	1.50 m	12 kg
IRB2400/16	1.50 m	20 kg

9. IRB260 机器人

IRB260 机器人,如图 1-10 所示,主要针对包装应用设计和优化,虽机身小巧,能集成于紧凑型包装机械中,配以 ABB 运动控制和跟踪性能,该机器人非常适合应用于柔性包装系统,参数见表 1-9。

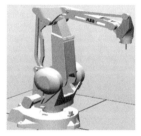

图 1-10　IRB260 机器人

表 1-9　IRB 260 机器人参数

型号	到达范围	承重能力
IRB260	1.53 m	30 kg

10. IRB2600 机器人

IRB2600 机器人,如图 1-11 所示,其旨在提高上下料、物料搬运、弧焊及其他加工应用的效率,参数见表 1-10。

图 1-11　IRB2600 机器人

表 1-10　IRB2600 机器人参数

型号	到达范围	承重能力
IRB2600—12/1.65	1.65 m	12 kg
IRB2600—20/1.65	1.65 m	20 kg
IRB2600—12/1.85	1.85 m	12 kg

11. IRB2600ID 机器人

IRB2600ID 机器人,如图 1-12 所示,在弧焊、物料搬运以及上下料的应用中能节省空间、增加产能。该机器人采用集成配套技术并扩大了工作范围,弧焊时间最多可缩短 15%,占地成本减少 75%,参数见表 1-11。

12. IRB360 机器人

IRB360 机器人,如图 1-13 所示,常用于拾料和包装,具有灵活性高、占地面积小、精度高和负载大等优势,应用广泛,参数见表 1-12。

图 1-12　IRB2600ID 机器人

表 1-11　IRB2600ID 机器人参数

型号	到达范围	承重能力
IRB2600ID—15/1.85	1.85 m	15 kg
IRB2600ID—8/2.00	2.00 m	8 kg

图 1-13　IRB360 机器人

表 1-12　IRB260 机器人参数

型号	到达范围	承重能力
IRB360—1/800	0.8 m	1 kg
IRB360—1/1130	1.13 m	1 kg
IRB360—3/1130	1.13 m	3 kg
IRB360—1/1600	1.60 m	1 kg
IRB360—8/1130	1.13 m	8 kg

13. IRB4600 机器人

IRB4600 机器人,如图 1-14 所示,具有路径精度高、运动控制精准、运行范围超大、周期较短、柔性安装等特点,参数见表 1-13。

图 1-14　IRB4600 机器人

表 1-13　IRB4600 机器人参数

型号	到达范围	承重能力
IRB4600—60/2.05	2.05 m	60 kg
IRB4600—45/2.05	2.05 m	45 kg
IRB4600—40/2.55	2.55 m	40 kg
IRB4600—20/2.50	2.51 m	20 kg

14. IRB6620 机器人

IRB6620 机器人,如图 1-15 所示,具有独特的紧凑性和敏捷性,可采用地面安装、倾斜安装、倒置安装和支架安装 4 种安装方式,多应用于汽车工业,参数见表 1-14。

图 1-15　IRB6620 机器人

表 1-14　IRB 6620 机器人参数

型号	到达范围	承重能力
IRB6620	2.2 m	150 kg

15. IRB910SC 机器人

IRB910SC 机器人，如图 1-16 所示，是一款快速、高效的机器人，采用合规铰接式机器人手臂，是能够在狭小范围内使用的单臂机器人，主要应用于小件物体的装配、材料处理和检查，参数见表 1-15。

图 1-16　IRB910SC 机器人

表 1-15　IRB910SC 机器人参数

型号	到达范围	承重能力
IRB910SC—3/ 0.45	0.45 m	6 kg
IRB910SC—3/ 0.55	0.55 m	6 kg
IRB910SC—3/ 0.65	0.65 m	6 kg

16. IRB14000 机器人

IRB14000 机器人，如图 1-17 所示，是集灵活的双手、基于送料系统的成像位置判定和先进的机器人控制于一体的机器人，具有精确的视力、敏感的控制反馈、灵活的软件和内置的安全功能，主要应用于小件搬运、装配等，参数见表 1-16。

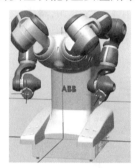

图 1-17　IRB14000 机器人

表 1-16　IRB14000 机器人参数

型号	到达范围	承重能力
IRB14000—0.5/0.5	0.5 m	0.5 kg/每臂

17. IRB5400 机器人

IRB5400 机器人，如图 1-18 所示，属喷涂机器人家族，具有喷涂精确、正常运行时间长、省漆料、工作节拍短、工作区域大、负荷能力强及运行可靠性高等优势，参数见表 1-17。

图 1-18　IRB5400 机器人

表 1-17　IRB5400 机器人参数

型号	到达范围	承重能力
IRB5400—02/03/04	3.13 m	25 kg

▶任务评价

任务名称							
姓名		小组成员					
指导教师		完成时间			完成地点		
评价内容	自我评价			教师评价			
	掌握	知道	再学	优	良	合格	不合格
识别常用 ABB 工业机器人的型号及功能							
工装整洁,工位干净;遵守纪律,爱护设备;全程操作规范,符合安全文明生产要求							

▶任务拓展

工业机器人的分类

1.按机械结构分类

工业机器人按机械结构分为串联型机器人(见图 1-19)和并联型机器人(见图 1-20)。常见的串联型机器人有柱坐标机器人、球坐标机器人、关节机器人、笛卡尔坐标机器人。并联型机器人是有两个或两个以上的自由度,以并联方式驱动的一种闭环机器人,按并联机构的自由度数可分为 2 自由度、3/4 自由度、6 自由度并联机器人。

图 1-19 串联型机器人   图 1-20 并联型机器人

2.按执行机构的控制方式分类

工业机器人按执行机构的控制方式分为点位型机器人和连续轨迹型机器人。点位型机器人是控制执行机构由一点到另一点精确定位运行的机器人,常用于数控机床上下料、点焊和一般搬运、码垛等;连续轨迹型机器人是控制执行机构按事先预定的轨迹运动的机器人,常用于连续焊接和喷涂等。工业上常用的机器人有码垛机器人、焊接机器人、搬运机器人、喷涂机器人、拾料机器人等。

3.按程序输入方式分类

工业机器人按程序输入方式分为编程输入型机器人和示教输入型机器人。编程输入型机器人是在计算机上编写好程序文件,再将程序文件传送到机器人的控制器中执行任务的机器人。示教输入型机器人是由操作者示教执行过程并生成工作程序自动存入程序存储器,当其自动工作时使执行机构再现示教的操作过程的机器人。

任务二　了解工业机器人编程

▶任务描述

本任务主要介绍工业机器人的编程方式,认识常用的工业机器人离线编程软件。

▶相关知识

工业机器人的编程方式

机器人是一个可编程的机械装置,其功能的灵活性和智能性在很大程度上取决于它的编程能力,工业机器人的编程方式主要有示教编程和离线编程两种。

示教编程是机器人最基本和最简单的编程方法,机器人示教后可以立即应用。示教方式为手把手示教,由人直接通过示教器控制机器人的机械装置按照所要求的轨迹运动,并记录下所有的点位信息和移动路径。优点是简单方便且直观,示教出来的轨迹程序可以直接运用。缺点是多功能编辑较难,示教时需要使用机器人本体,效率较低,编程的质量完全取决于操作者的熟练度和经验。

离线编程是直接使用离线编程仿真软件编辑所需的程序和轨迹的编程方式。优点是效率高,编程时不需要使用机器人本体,机器人可运行其他程序,可在仿真软件上事先优化操作方案和运行周期。缺点是仿真软件上的操作与运行并不能完全和真实的工作环境一致,需要使用真实设备进行调试。

▶任务实施

目前已经商品化的工业机器人离线编程软件:国内有北京华航唯实的 RobotArt,国外有海宝的 Robotmaster,西门子的 Robcad、Delmia/IGRIP,安川的 Motosim EG、Robotworks,ABB 的 RobotStudio 以及 Fanuc 的 RoboGuide 等。

1. RobotArt 软件

RobotArt 软件是根据几何数模的拓扑信息生成机器人运动轨迹,可以进行轨迹仿真、优化路径和代码后置,还可进行碰撞检测、场景渲染、动画输出。常用在打磨、焊接、切割、加工等领域,软件下载页面如图 1-21 所示。

2. RobotStudio 软件

RobotStudio 软件是以 ABB VirtualController 为基础开发的,可执行十分逼真的模拟运行,与机器人在实际生产中的运行完全一致,所编制的机器人程序和配置文件均可直接用于生产现场,软件下载页面如图 1-22 所示。

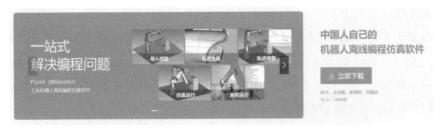

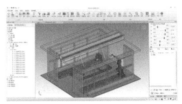

图 1-21　RobotArt 软件下载页面

图 1-22　RobotStudio 软件下载页面

3. Robotmaster 软件

Robotmaster 软件是在 Mastercam 中集成了机器人编程、仿真和代码生成功能,能提高机器人编程速度,支持大多数品牌的机器人,软件下载页面如图 1-23 所示。

图 1-23　Robotmaster 软件下载页面

4. Robotworks 软件

Robotworks 软件与 Robotmaster 软件类似,是基于 Solidworks 做的二次开发,可以直接使用装配体内部的 CAD 数据,优化机器人和零件的位置等,软件介绍页面如图 1-24 所示。

图 1-24　Robotworks 软件介绍页面

5. Tecnomatix 软件

Tecnomatix 软件是全面的数字制造解决方案组合,可以将创新思想和原材料转变为数字化生产方案,在产品制造和服务运营之间实现同步,从而最大程度地提高生产效率,软件介绍页面如图 1-25 所示。

图 1-25　Tecnomatix 软件介绍页面

6. RoboGuide 软件

RoboGuide 软件是机器人市场上离线编程产品的领导者,该软件提供以工作过程为重

点的软件包,使用户可以在3D场景中创建、编程和模拟机器人工作单元,而无须实际花费建设原型工作单元的费用。可以在实际设备安装之前对单个和多个机器人工作单元布局进行可视化,降低离线编程的风险,也可以将虚拟工作单元中的程序和设置转移到真实的机器人上,减少安装时间。

▶任务评价

任务名称							
姓名		小组成员					
指导教师		完成时间			完成地点		
评价内容	自我评价			教师评价			
	掌握	知道	再学	优	良	合格	不合格
识别常用的工业机器人离线编程软件							
工装整洁,工位干净;遵守纪律,爱护设备;全程操作规范,符合安全文明生产要求							

▶任务拓展

工业机器人仿真系统

工业机器人仿真系统是通过计算机的仿真软件对实际的机器人生产系统进行模拟运行的系统。由一台或多台机器人组成功能工作站或工厂生产线,可以在安装、调试生产线之前模拟出实物,组成仿真系统模拟生产过程,不仅可以缩短生产的工期,还可避免不必要的返工。

▶项目练习

1.看图描述

(1)分别说出以下图片所示的工业机器人型号及其参数。

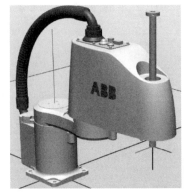

（2）分别说出以下图片所示的工业机器人离线编程软件的基本功能。

2. 简答题

（1）工业机器人的特点有哪些？大致分为哪几类？

（2）简述工业机器人的组成。

（3）工业机器人编程方式有哪些？分别说出它们的优缺点。

项目二 认识工业机器人仿真软件

▶项目描述

对于零基础的工业机器人学习者,直接对真实机器人进行操作存在一定的危险性,可以先选择仿真软件进行相关操作的学习。仿真软件几乎能够模拟真实工业机器人的所有功能,仿真软件 RobotStudio 的离线编程能力更是对实际的工业生产有极大的帮助。本项目主要介绍 RobotStudio 工业机器人仿真软件的功能和特点,以及其下载与安装的方法等,并使用该软件创建简单的机器人仿真系统,启动机器人虚拟示教器,在其中操纵机器人的轴。

▶学习目标

知识目标

了解仿真软件 RobotStudio 的功能特点和界面;

了解工业机器人工作站及其特点;

了解工业机器人系统及其工作原理。

技能目标

能下载与安装工业机器人仿真软件;

能构建与保存工业机器人虚拟工作站;

能创建工业机器人仿真系统;

能完成工业机器人虚拟手动关节的操作。

任务一 初识工业机器人仿真软件

▶任务描述

本任务主要介绍工业机器人 RobotStudio 仿真软件的功能特点,在下载并安装 RobotStudio 仿真软件后,熟悉其默认布局的功能界面。

▶相关知识

一、RobotStudio 仿真软件简介

RobotStudio 是一款由 ABB 集团研发生产的计算机仿真软件,是适用于机器人寿命周期各个阶段的软件产品。

在实际构建工业机器人系统之前,可以使用 RobotStudio 先进行设计和试运行,确认工业机器人是否能到达所有编程位置,并计算出解决方案所需的工作周期。在计算机软件中完成机器人程序设计的创建、编辑和修改,以及处理程序中的各种数据文件,产生的代码可以同时运行在计算机和机器人控制器上,RobotStudio 第 5 版可支持多个虚拟机器人同时协

作运行。

二、RobotStudio 的功能特点

1. 支持 CAD 导入

RobotStudio 可方便地导入各种主流 CAD 格式的数据,包括 IGES、STEP、VRML、VDAFS、ACIS 及 CATIA 等。程序员可依据这些精确的数据编制精度更高的机器人程序,从而提高产品质量。

2. 自动生成路径

通过使用待加工零件的 CAD 模型,仅在数分钟之内便可自动生成跟踪加工曲线所需要的机器人位置(路径),能大大节约时间。

3. 程序编辑器

使用户能够在 Windows 环境中离线开发或维护机器人程序,能显著缩短编程时间,改进程序结构。

4. 路径优化

该软件有仿真监视器,它是一种用于机器人运动路径优化的可视工具,红色线条显示可改进之处,以便机器人按照最有效的路径方式运行。

5. 自动分析伸展能力

能任意移动机器人或工件,直到所有位置均可到达,在数分钟之内便可完成工作单元平面布置验证和优化。

6. 碰撞检测

可避免设备碰撞造成的严重损失。选定检测对象后,RobotStudio 可自动监测并显示程序执行时这些对象是否会发生碰撞。

7. 在线作业

使用 RobotStudio 与真实的机器人连接通信,对机器人进行便捷的监控、程序修改、参数设定、文件传送及备份恢复等操作。

▶任务实施

一、任务流程

下载 RobotStudio 仿真软件→安装 RobotStudio 仿真软件→激活 RobotStudio 仿真软件→熟悉 RobotStudio 软件默认布局的功能界面。

二、具体操作

1. 下载 RobotStudio 仿真软件

(1)通过搜索进入 ABB 中国官方网站,如图 2-1 所示,官方网站上仅提供最新版本软件的下载。

安装软件

(2)下载路径:单击"导航"→选择"产品索引"→选择"产品指南"→选择"机器人技术",如图 2-2 所示→ 单击"RobotStudio"→单击"下载中心",如图 2-3 所示→单击"⊥"图标下载 RobotStudio,如图 2-4 所示→填写相关信息,如图 2-5 所示,注意正确填写邮箱,下载链接会以邮件形式发到邮箱→打开邮件,单击" DOWNLOAD ROBOTSTUDIO "图标,如图 2-6 所示 →单击"保存",如图 2-7 所示。

图 2-1　ABB 中国官方网站

图 2-2　下载路径

图 2-3　下载中心页面

图 2-4 软件下载页面

图 2-5 填写信息   图 2-6 邮箱下载页面

图 2-7 软件下载对话框

2. 安装 RobotStudio 仿真软件

RobotStudio 6 及以上版本对安装计算机的配置要求:CPU 要求 Intel Core i5 或以上,内存需要 2 GB 或以上,硬盘空闲空间需要 20 GB 以上,拥有独立显卡,操作系统要求 Windows 7 或以上。

(1)安装前,先关闭操作系统中的防火墙及所有杀毒软件,否则可能无法正常安装。解压后的安装文件夹如图 2-8 所示。

RobotStudio_6.06_SP1	2020/6/16 11:12	文件夹	
RobotStudio_6.06_SP1	2017/12/18 19:57	WinRAR ZIP 压缩文件	2,036,397 KB

图 2-8 安装文件夹

(2)双击安装文件夹中的"setup"图标,如图 2-9 所示,根据安装向导安装软件。

(3)安装完成后,64 位 Windows 系统桌面会出现两个快捷方式,如图 2-10 所示,一个是 32 位系统的软件快捷方式,另外一个名称中没有括号内容的是 64 位系统的软件快捷方式,64 位系统的软件兼容性好,功能更全面。

名称	修改日期	类型	大小
ISSetupPrerequisites	2017/11/8 20:01	文件夹	
Utilities	2017/11/8 20:01	文件夹	
0x040a	2014/10/1 17:41	配置设置	25 KB
0x040c	2014/10/1 17:41	配置设置	26 KB
0x0407	2014/10/1 17:40	配置设置	26 KB
0x0409	2014/10/1 17:41	配置设置	22 KB
0x0410	2014/10/1 17:41	配置设置	25 KB
0x0411	2014/10/1 17:41	配置设置	15 KB
0x0804	2014/10/1 17:44	配置设置	11 KB
1031.mst	2017/11/7 19:38	MST 文件	120 KB
1033.mst	2017/11/7 19:37	MST 文件	28 KB
1034.mst	2017/11/7 19:37	MST 文件	116 KB
1036.mst	2017/11/7 19:37	MST 文件	116 KB
1040.mst	2017/11/7 19:37	MST 文件	116 KB
1041.mst	2017/11/7 19:37	MST 文件	112 KB
2052.mst	2017/11/7 19:37	MST 文件	84 KB
ABB RobotStudio 6.06 SP1	2017/11/7 19:28	Windows Installer ...	10,141 KB
Data1	2017/11/7 19:38	WinRAR 压缩文件	1,849,438 KB
Release Notes RobotStudio 6.06.SP1	2017/11/8 4:11	PDF 文件	826 KB
Release Notes RW 6.06	2017/10/19 13:00	PDF 文件	97 KB
RobotStudio EULA	2017/10/31 22:57	RTF 格式	120 KB
setup	2017/11/7 19:40	应用程序	1,672 KB
Setup	2017/11/7 19:00	配置设置	8 KB

图 2-9　解压文件　　　　　　　　　　　图 2-10　软件图标

3. 激活 RobotStudio 仿真软件

第一次正确安装后,RobotStudio 软件会提供 30 天的全功能高级版免费试用,30 天以后,如果还没有授权激活的话,则只能使用基本版的功能。

如果已经获得 RobotStudio 软件的授权许可证,可以通过以下方式激活软件:单击"文件"→单击"选项"→单击"授权"→单击"激活向导"→根据许可证类型选择单机或网络激活方式→根据向导提示完成软件激活,如图 2-11 所示。

图 2-11　软件激活步骤界面

4. 熟悉 RobotStudio 软件默认布局的功能界面

"文件"选项卡:有新建、打开、保存、打印、共享、帮助等常用命令。其中新建工作站有 3

种类型:空工作站、空工作站解决方案、工作站和机器人控制器解决方案。新建文件有 2 种类型:RAPID 模块文件、控制器配置文件,如图 2-12 所示。

"基本"选项卡:有建立工作站、路径编程、设置、控制器、Freehand、图形工作组,每个工作组中都有各种对应功能的按钮,主要用于创建机器人工作站、路径编程、坐标系设置、工作站快捷键设置等,如图 2-13 所示。

图 2-12　"文件"选项卡

图 2-13　"基本"选项卡

"建模"选项卡:有创建、CAD 操作、测量、Freehand、机械工作组,主要用于创建工作站的基础 3D 模型等,如图 2-14 所示。

图 2-14　"建模"选项卡

"仿真"选项卡:有碰撞监控、配置、仿真控制、监控、信号分析器、录制短片工作组,主要用于工作站的仿真设定与控制、模拟信号监控、仿真录像等,如图 2-15 所示。

图 2-15　"仿真"选项卡

"控制器"选项卡:有进入、控制器工具、配置、虚拟控制器、传送工作组,主要用于工作站控制器的启动、备份、输入/输出监控、信号分析等,如图 2-16 所示。

图 2-16 "控制器"选项卡

"RAPID"选项卡:有进入、编辑、插入、查找、控制器、测试和调试工作组,主要用于机器人 RAPID 程序的编辑、修改、调试等,如图 2-17 所示。

图 2-17 "RAPID"选项卡

"Add—Ins"选项卡:有社区、RobotWare、齿轮箱热量预测工作组,主要用于安装文件包、RobotWare 迁移、齿轮箱热量预测等,如图 2-18 所示。

图 2-18 "Add—Ins"选项卡

快捷键图标选项区:多种常用功能的快捷操作方式,主要用于各项功能的快捷操作,移动鼠标到图标上即可点亮对应图标,单击图标即可实现对应功能的操作,如图 2-19 所示。

图 2-19 快捷操作图标

▶任务评价

任务名称							
姓名		小组成员					
指导教师		完成时间			完成地点		
评价内容		自我评价			教师评价		
		掌握	知道	再学	优	良	合格	不合格
下载 RobotStudio 仿真软件							
安装 RobotStudio 仿真软件							
激活 RobotStudio 仿真软件							

评价内容	自我评价			教师评价			
	掌握	知道	再学	优	良	合格	不合格
熟悉 RobotStudio 软件默认布局的功能界面							
工装整洁,工位干净;遵守纪律,爱护设备;全程操作规范,符合安全文明生产要求							

▶任务拓展

工业机器人仿真应用技术

仿真应用技术是应用仿真硬件和仿真软件通过仿真实验,借助某些数值计算和问题求解,反映系统行为或过程的技术。工业机器人仿真应用技术是由真实的工业机器人工作站装备和计算机仿真系统组成 1∶1 的仿真环境,实现仿真与现实几乎一致的工业机器人工作站操作的技术。

工业机器人工作站运用仿真应用技术的优点:工业自动化的市场竞争日益加剧,客户在生产过程中追求高效率、低成本、高质量。如果让机器人编程在新产品投入使用之初就花费时间检测或试运行是不可取的,因为这意味着要停止现有的生产对新的或修改的部件进行编程。ABB RobotStudio 建立在 ABB Virtual Controller 上,可以使用它在计算机中轻易地模拟现场生产过程,让客户了解开发和组织生产的情况。利用 RobotStudio 提供的各种工具,可在不影响生产的前提下执行培训、编程和优化等任务,不仅提升了机器人系统的盈利能力,还能降低生产风险,加快投产进度,缩短换线时间,提高生产效率。

任务二　构建与保存工业机器人虚拟工作站

▶任务描述

本任务主要介绍工业机器人工作站的概念和特点,并创建、保存与打开工业机器人工作站,最后为工作站导入合适的机器人模型和工具。

▶相关知识

一、什么是工业机器人工作站

工业机器人工作站是指使用一台或多台机器人,配以相应的周边设备,用于完成某一特定工序作业的独立生产系统,也可称为机器人工作单元。它主要由工业机器人及其控制系统、辅助设备及其他周边设备构成。工业机器人工作站是以工业机器人作为加工主体的作业系统。由于工业机器人具有可再编程的特点,当加工产品更换时,可以对机器人的作业程序进行重新编写,从而达到系统柔性要求。

二、工业机器人工作站的特点

1. 技术先进

工业机器人集精密化、柔性化、智能化、应用开发等先进制造技术于一体,通过对工业机器人的布置进行检测、控制、优化、调度、管理和决策,实现增加产量、提高质量、降低成本、减少资源消耗和环境污染的目的,是工业自动化水平的最高体现。

2. 技术融合度高

工业机器人与自动化成套装备具有精细制造、精细加工及柔性生产等技术特点,是继动力机械、计算机之后出现的全面替代人力的新一代生产工具,也是实现生产数字化、自动化、网络化及智能化的重要手段。

3. 应用领域广泛

工业机器人与自动化成套装备是生产过程的关键设备,可用于制造、安装、检测、物流等生产环节,并广泛应用于汽车整车及汽车零部件、工程机械、轨道交通、低压电器、电力、IC 装备、军工、烟草、金融、医药、冶金及印刷出版等行业,应用领域非常广泛。

4. 技术综合性强

工业机器人与自动化成套设备集中并融合了多个学科的知识,涉及多项技术领域,涵盖了工业机器人控制技术、机器人动力学及仿真、激光加工技术、模块化程序设计、智能测量、建模加工一体化、工厂自动化等先进制造技术。

▶任务实施

一、任务流程

创建 ABB 工业机器人工作站→保存工业机器人工作站→导入与装配工业机器人工作站模型。

二、具体操作

1. 创建 ABB 工业机器人工作站

(1)新建空工作站:单击"文件"→选择"新建"→单击"空工作站",如图 2-20 所示,此操作会直接打开空工作站界面,不会提示保存。

新建工作站

(2)新建空工作站解决方案:单击"文件"→选择"新建"→单击"空工作站解决方案",如图 2-21 所示,在提示保存的对话框中输入名称和保存路径。注意:保存工作站解决方案的位置如果不用默认的路径,则必须选择根目录下保存,否则创建机器人系统时会报错。

(3)新建工作站和机器人控制器解决方案:单击"文件"→选择"新建"→单击"工作站和机器人控制器解决方案",如图 2-22 所示,根据提示需要设置工作站名字、保存位置、控制器型号、机器人型号等。

图 2-20　新建空工作站

图 2-21　新建空工作站解决方案

（4）新建 RIPID 模块文件：单击"文件"→选择"新建"→单击"RIPID 模块文件"，如图 2-23 所示，可以新建系统模块、主程序模块、空程序模块。

（5）新建控制器配置文件：单击"文件"→选择"新建"→单击"控制器配置文件"，如图 2-24 所示，有 I/O 端口空配置文件、MMC 空配置文件、SIO 空配置文件、装置配置文件。

2. 保存工业机器人工作站

保存工作站：单击"文件"→选择"保存工作站"→在打开的"另存为"对话框中设置保存路径（注意选择在磁盘的根目录下保存）→设置文件名及其保存类型，如图 2-25 所示。

图 2-22　新建工作站和机器人控制器解决方案

图 2-23　新建 RIPID 模块文件

3. 导入与装配工业机器人工作站模型

（1）导入机器人模型：单击"基本"→单击"ABB 模型库"→选择所需型号的 ABB 工业机器人模型→设置容量及到达范围，如图 2-26 所示。IRB2600 型工业机器人导入成功，如图 2-27 所示。

（2）导入工业机器人工作站工具模型：单击"基本"→单击"导入模型库"→单击"设备"→单击"Binzel air 22"选择软件自带的工具模型，如图 2-28 所示，导入工具模型成功，如图2-29 所示。

图 2-24 新建控制器配置文件

图 2-25 保存工作站

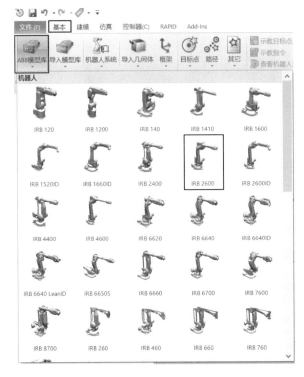

图 2-26　选择机器人模型

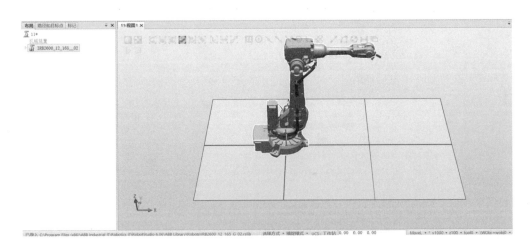

图 2-27　机器人导入

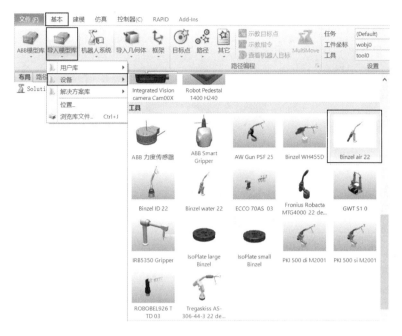

图 2-28　选择工具模型

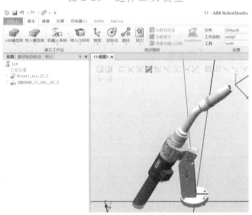

图 2-29　工具导入

（3）装配工业机器人工作站工具：左侧布局窗口中单击工具模型的名字→按住鼠标左键不放拖到机器人图标上放开→在弹出的对话框中选择"是"，如图 2-30 所示。工具装配成功，如图 2-31 所示。

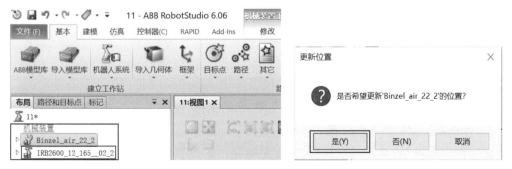

图 2-30　工具装配

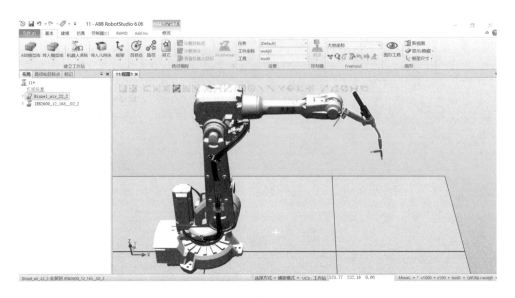

图 2-31　完成工具装配

►**任务评价**

任务名称							
姓名		小组成员					
指导教师		完成时间			完成地点		
评价内容	自我评价			教师评价			
	掌握	知道	再学	优	良	合格	不合格
创建 ABB 工业机器人工作站							
保存工业机器人工作站							
打开工业机器人工作站							
导入与装配工业机器人工作站模型							
工装整洁,工位干净;遵守纪律,爱护设备;全程操作规范,符合安全文明生产要求							

►**任务拓展**

一、RobotStudio 仿真软件视图常用快捷方式

(1)滚动鼠标滚轮,视图界面放大或缩小。

(2)同时按住 Ctrl 键 + 鼠标左键,拖动鼠标,视图界面可在平面内上下左右移动。

(3)同时按住 Ctrl 键 + Shift 键 + 鼠标左键,拖动鼠标,视图界面可在三维空间中旋转。

二、什么是工业机器人法兰盘

法兰盘简称法兰,只是一个统称,通常是指在一个类似盘状的金属体的周边开上几个固定用的孔用于连接其他东西,是轴与轴之间相互连接的零件,可用于管端之间的连接,也可用于两个设备之间的连接。工业机器人的法兰盘通常是工业机器人的末端轴,用于装配工具等外部装置,如图 2-32 所示。

图 2-32　工业机器人法兰盘

任务三　创建工业机器人仿真系统

▶任务描述

本任务主要介绍工业机器人系统的组成和工作原理,并在创建工业机器人系统后,启动虚拟示教器。

▶相关知识

一、什么是工业机器人系统

工业机器人系统是由机器人、作业对象及环境共同构成的整体,其中包括执行机构、驱动系统、控制系统和感知系统四大部分,各组成部分的关系框图如图 2-33 所示。工业机器人系统的核心是机器人,它是一种自动化的机器,这种机器具备一些与人或生物相似的能力,如感知能力、规划能力、动作能力和协同能力。

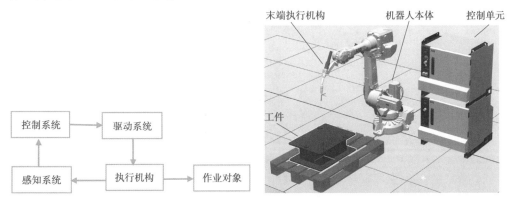

图 2-33　工业机器人系统组成框图　　　　图 2-34　工业机器人系统图

二、工业机器人系统的工作原理

工业机器人系统实际上是一个典型的机电一体化系统,如图 2-34 所示。其工作原理:控制系统发出动作指令控制驱动器,驱动器带动机械系统运动,使末端执行机构到达空间某一位置,完成相应的作业任务。感知系统通常由多个传感器组成,事先安装在工件表面或末端执行机构上,负责监测整个操作过程并产生相应的反馈信号传给控制系统,影响下一步操作。

►任务实施

一、任务流程

创建工业机器人系统→启动虚拟示教器。

二、具体操作

1.创建工业机器人系统

从布局创建系统

方法1：创建新系统并添加到工作站：单击"基本"→单击"机器人系统"
→单击"新建系统"→设置新系统的控制器名称、机器人型号→单击"确定"
→启动新系统工作站控制器，如图2-35所示。新系统创建完成，如图2-36
所示。

图2-35　添加新系统

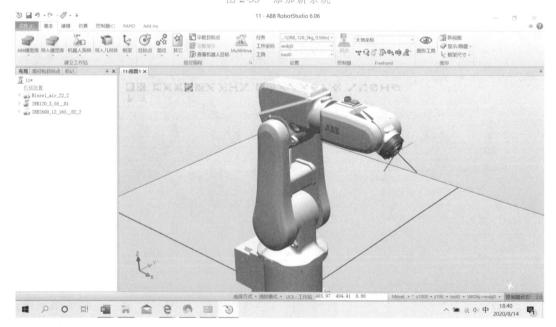

图2-36　完成新系统创建

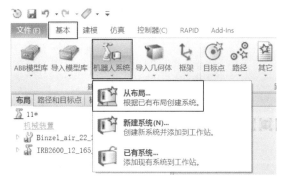

图 2-37 从布局创建系统

方法 2：根据已有布局创建机器人系统：单击"基本"→单击"机器人系统"→单击"从布局"，如图 2-37 所示→设置系统名字和位置（名字不能含有汉字），如图 2-38 所示→单击"下一步"→选择系统的机型装置，如图 2-39 所示→单击"选项"→配置系统参数，如图 2-40 所示→设置虚拟系统示教器的语言为中文，单击"确定"，如图 2-41 所示→工业机器人系统创建中，工作站控制器启动，如图 2-42 所示。

注意：如果创建系统过程中出现保存位置错误，如图 2-43 所示，则是前面保存工作站解决方案的位置没有用默认的路径或者工作站保存的名字含有汉字，需要重新保存。

2. 启动虚拟示教器

如果软件安装正确，工业机器人工作站和工业机器人系统创建正确，工作站控制器已启动，且为绿条，那么虚拟示教器一般能正常启动。

启动虚拟示教器：单击"控制器"→单击"示教器"→单击"虚拟示教器"，如图 2-44 所示。RobotStudio 仿真软件的虚拟示教器与示教器实物面板一模一样，基础操作也一样，如图 2-45 所示。

图 2-38 系统设置　　　　　　　　　　　　图 2-39 系统机械装置

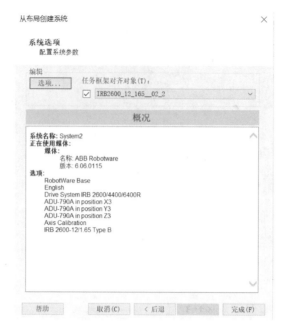

图 2-40　系统选项

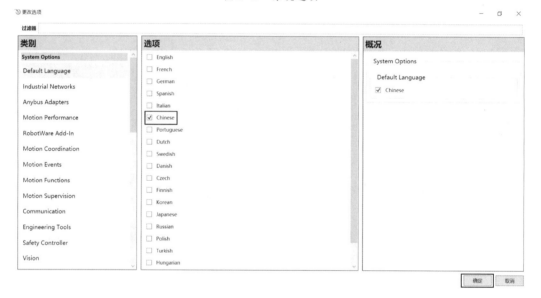

图 2-41　设置语言

图 2-42　控制器启动状态

图 2-43 系统保存位置错误

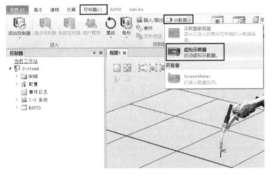

图 2-44 启动虚拟示教器

图 2-45 虚拟示教器启动界面

▶**任务评价**

任务名称							
姓名		小组成员					
指导教师		完成时间			完成地点		
评价内容		自我评价			教师评价		
		掌握	知道	再学	优	良	合格	不合格
创建工业机器人系统								
启动虚拟示教器								
工装整洁,工位干净;遵守纪律,爱护设备;全程操作规范,符合安全文明生产要求								

▶任务拓展

虚拟示教器不能正常启动的原因与解决方法

图 2-46　启动虚拟控制器错误

（1）安装 RobotStudio 仿真软件时,安装路径中如果有中文,会造成虚拟示教器无法正常启动,解决方法是卸掉软件后重装。

（2）工作站名称为中文时,启动虚拟示教器会提示控制器未响应,如图 2-46 所示,解决方法是将工作站的名称改为英文。

（3）安装 RobotStudio 仿真软件时没有关闭杀毒软件,启动虚拟示教器会提示无法启动此程序,解决方法是关闭杀毒软件,重新安装 RobotStudio 仿真软件时选择"修复软件"即可。

任务四　工业机器人虚拟手动关节操作

▶任务描述

本任务主要介绍工业机器人轴的概念和运动范围,以及机器人的奇点,学习用虚拟示教器操纵机器人的轴。

▶相关知识

一、工业机器人的运动轴

工业机器人的轴可以用专业的名词(自由度)来解释,如果机器人有 3 个自由度,那么它可以沿 X、Y、Z 轴自由运动,但不能倾斜或者转动。如果机器人的轴数(自由度)增加,其将具有更高的灵活性。

工业机器人根据轴数可以分为三轴机器人、四轴机器人、五轴机器人、六轴机器人、七轴机器人。

三轴机器人:也称为直角坐标机器人或者笛卡尔机器人,它的 3 个轴可以允许机器人沿 3 个轴的方向进行运动,这种机器人一般用于简单的搬运工作。

四轴机器人:可以沿 X、Y、Z 轴转动,与三轴机器人不同的是,它还具有一个独立运动的第四轴。

五轴机器人:除了可以沿 X、Y、Z 轴转动,同时可以依靠基座上的轴完成转身的动作,手部还增加了一个可以灵活转动的轴,提升了工业机器人的灵活性。

六轴机器人:可以穿过 X、Y、Z 轴,同时每个轴可以独立转动,与五轴机器人的最大区别是多了一个可以自由转动的轴。

七轴机器人:又称为冗余机器人,比六轴机器人增加的一个轴能让机器人躲避某些特定的目标,便于末端执行器到达特定的位置后,更加灵活地适应某些特殊工作环境。

二、工业机器人轴的运动范围

工业机器人的每一个轴都有一定的运动范围,接近轴运动极限值时示教器上会提示轴的位置超出工作范围,如图 2-47 所示。ABB 公司生产的各种型号的工业机器人的工作范围、承重能力、安装方式等都不相同,要根据实际工作场合选择合适的工业机器人。

图 2-47 轴超出范围

图 2-48 奇点提醒

三、什么是机器人的奇点

奇点是由机器人的逆运动学引起的,如图 2-48 所示。机器人之所以会存在奇点,是因为机器人是由数学控制(它可以达到无限大),但移动的是真实的物理部件(它无法实现无限大)。美国国家标准这样定义奇点:由两个或多个机器人轴的共线对准引起的不可预测的机器人运动和速度。按照此概念可将奇点大致分为以下几种(以 ABB IRB120 型六轴机

器人为例):

腕关节奇点:通常发生在机器人的两个腕关节轴(关节轴4和轴6)成一条直线时。它可能会导致这些关节尝试瞬间旋转180°。

肩关节奇点:发生在机器人中心的腕关节和关节轴1的轴对齐时。它可能导致关节轴1和关节轴4试图瞬间旋转180°。这其中还有另外一种情形,就是机器人的第一个关节(关节轴1)和最后一个关节(关节轴6)对齐。

肘关节奇点:发生在机器人中心的腕关节和关节轴2、关节轴3处于同一平面时。肘关节奇点看起来就像机器人"伸得太远",会导致肘关节被锁在某个位置。

▶任务实施

一、任务流程

用仿真软件的快捷键移动机器人的轴→用虚拟示教器操纵机器人的轴。

二、具体操作

机器人是由伺服电机分别驱动机器人的关节轴,每次手动操纵一个关节轴的运动,称为单轴运动。单轴的虚拟操纵方式有两种。

1.用仿真软件的快捷键移动机器人的轴

单击"基本"→单击 Freehand 快捷键"手动关节",如图2-49所示→单击选中要移动的轴,按住鼠标左键并拖动即可移动机器人的轴,同时会显示出轴的名字及当前轴的自由度,如图2-50所示。

操纵机器人的关节轴

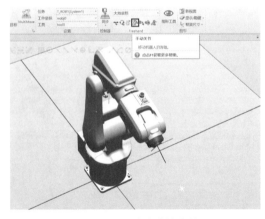
图2-49 手动关节快捷键

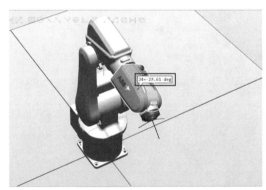
图2-50 轴4当前的位置

注意:该功能是仿真软件特有的,在工业机器人实体上不能使用本功能来移动机器人的单轴。

2.用虚拟示教器操纵机器人的轴

机器人的运行方式有三种:自动、手动限速、手动全速。以下操作机器人工作在手动限速模式。

单击"自动/手动模式切换按钮"→单击选中"手动限速"图标,如图2-51所示→单击左上角的"下箭头",如图2-52所示→单击"手动操纵",如图2-53所示→单击"动作模式",如

图 2-51 运行方式切换   图 2-52 示教器启动界面

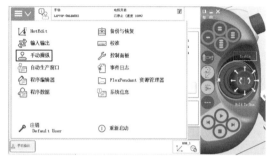

图 2-53 手动操纵

图 2-54 动作模式

图 2-54 所示→单击"轴 1—3",单击"确定",如图 2-55 所示→单击"Enable"开启电机→按住操纵摇杆,通过上下左右的箭头实现 1—3 轴的移动,如图 2-56 所示→单击"轴 4—6",单击"确定",如图 2-57 所示→按住操纵摇杆,通过上下左右箭头实现 4—6 轴的移动,如图 2-58 所示→单击"Enable"关闭电机。

图 2-55 轴 1—3 选择

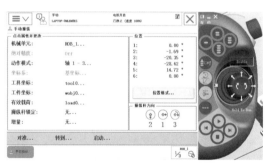

图 2-56 轴 1—3 操纵

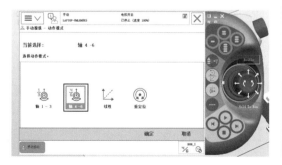

图 2-57 轴 4—6 选择

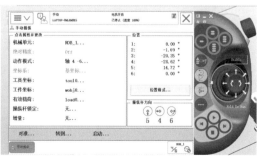

图 2-58 轴 4—6 操纵

►任务评价

任务名称							
姓名		小组成员					
指导教师		完成时间		完成地点			
评价内容	自我评价			教师评价			
	掌握	知道	再学	优	良	合格	不合格
用仿真软件的快捷键移动机器人的轴							
用虚拟示教器操纵机器人的轴							
工装整洁,工位干净;遵守纪律,爱护设备;全程操作规范,符合安全文明生产要求							

►任务拓展

如何避免奇点

机器人的关节轴越多,发生奇点的可能性越大,因为会有更多的轴容易与其他的轴对齐。制造商通常都通过编程避开奇点,以免机器人受损。机器人的每个关节都被程序限制了最大速度。当腕关节被命令以"无限大"的速度运动时,软件就会降低此速度。一旦通过奇点,机器人将继续以正确的速度完成剩余的运动。这样工业机器人就不会被奇点卡住而停下来。

►项目练习

实操题

按要求创建简单工业机器人系统:

(1)新建空工作站解决方案,名称为"jichuxunlian",位置为 D 盘根目录。

(2)导入 IRB1600 型机器人,导入"mytool"工具,并装配到机器人法兰盘上。

(3)根据已有布局创建机器人系统,系统名称为"jichuxunlian",设置示教器的语言为"Chinese"。

(4)启动虚拟示教器,手动操纵机器人的各轴,并记录下各轴的当前位置。

项目三　操作工业机器人虚拟示教器

▶项目描述

　　机器人的示教器又称为示教编程器,是机器人控制系统的核心部件,是一个用来注册和存储机械运动或处理记忆的设备。本项目主要介绍工业机器人虚拟示教器的基本操作,工业机器人的虚拟手动操纵,以及如何配置工业机器人常用的 I/O 信号等。

▶学习目标

知识目标

　　了解工业机器人虚拟示教器的基本操作;

　　了解工业机器人虚拟手动操纵的方法;

　　了解工业机器人的常用 I/O 信号。

技能目标

　　能完成工业机器人虚拟示教器的基本操作;

　　能完成工业机器人虚拟手动操纵;

　　能配置工业机器人常用 I/O 信号。

任务一　简单操作虚拟示教器

▶任务描述

　　本任务主要介绍工业机器人的示教器;认识 ABB 机器人的示教器和 RobotStudio 仿真软件上的虚拟示教器;学会在软件中启动虚拟示教器,设定示教器的显示语言;学会查看工业机器人的常用信息日志,能够单独导入程序和 EIO 文件,并对机器人数据进行备份与恢复。

▶相关知识

一、什么是工业机器人示教器

　　工业机器人示教器是一种手持式操作终端,由硬件和软件组成,用于执行与机器人系统有关的许多任务,如运行程序、操纵机器人、修改机器人程序等。工业机器人示教器可在恶劣的工业环境下持续运作,其触摸屏易于清洁,且防水、防油、防溅锡。工业机器人示教器本身就是一台完整的计算机,通过集成线缆和接头连接到控制器。ABB 机器人的示教器外观如图 3-1 所示,示教器功能键如图 3-2 所示。

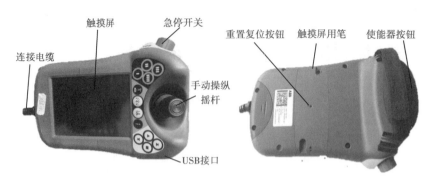

图 3-1　示教器外观

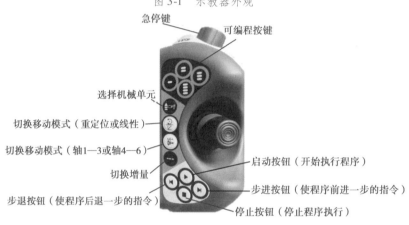

图 3-2　示教器功能键

二、虚拟示教器

在 RobotStudio 软件中,虚拟示教器界面如图 3-3 所示。

图 3-3　虚拟示教器界面

三、示教器的使能器按钮

使能器按钮的作用是保证操作人员的人身安全。

（1）只有在按下使能器按钮，并保持在"按下开启"的状态，才可对机器人进行手动操作或程序调试。当发生危险时，操作人员会本能地将使能器按钮松开或按紧，机器人则会马上停下来，以保证安全。

（2）使能器按钮分为两挡，在手动状态下按下第一挡，机器人处于电机开启状态；按下第二挡以后，机器人就处于防护装置停止状态。示教器使能器按钮的使用如图 3-4 所示。

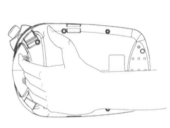

操作人员应用左手的四个手指进行操作

图 3-4 示教器使能器的按钮使用

（3）虚拟示教器的使能器按钮。RobotStudio 仿真软件配有的虚拟示教器与实际的示教器外形和操作接近，工作站系统创建完成后即可调出虚拟示教器，虚拟示教器中 Enable 按键代替真实示教器上的使能器按键使用。

四、机器人数据备份与恢复

定期对机器人的数据进行备份，是保证机器人正常工作的良好习惯。机器人数据备份的对象是所有正在系统内存中运行的 RAPID 程序和系统参数。当机器人系统出现错乱或者重装新系统以后，可以通过备份快速把机器人恢复到备份时的状态。

在使用 obotstudio 软件进行离线编程与仿真时，为了防止数据的丢失，可以用示教器完成对数据以及系统的备份和恢复。

▶**任务实施**

一、任务流程

启动虚拟示教器→设定示教器的显示语言→查看工业机器人的常用信息日志→单独导入程序→导入 EIO 文件→数据的备份与恢复。

二、具体操作

1. 启动虚拟示教器

单击"控制器"→单击"示教器"→单击"虚拟示教器"，即可调出虚拟示教器，如图 3-5 所示。

启动虚拟示教器

2. 设定示教器的显示语言

示教器出厂时，默认的显示语言是英语，将显示语言设定为中文的操作。单击左上角的主菜单键→单击"Control Panel"，如图 3-6 所示→ 单击"Language"，如图 3-7 所示→单击"Chinese"→单击"OK"，如图 3-8 所示→单击

设定示教器的显示语言

"YES",系统重启,如图 3-9 所示。重启后,可以看到菜单已切换成中文。

图 3-5　启动虚拟示教器

图 3-6　选择控制面板

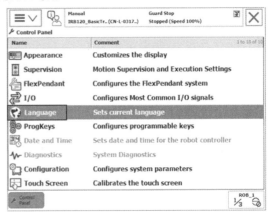

图 3-7　选择语言

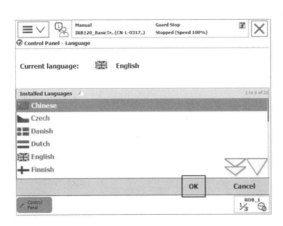

图 3-8　选择中文

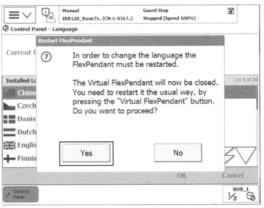

图 3-9　重启控制器

3.查看示教器事件日志

为了方便进行文件的管理和故障的查阅与管理,在进行机器人操作之前可以查看机器人运行的事件记录,包括事件发生的日期等,如图 3-10 所示。

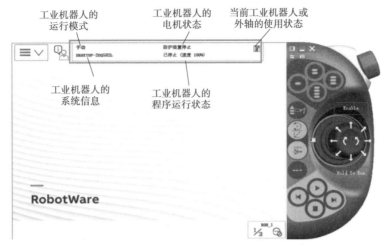

图 3-10　工业机器人的常用信息日志

单击"事件日志"→查看事件日志,如图 3-11 所示。单击方框出现事件消息日志,可另存导出保存,如图 3-12 所示。"另存所有日志为…"按钮:用于将工业机器人的时间日志存储为 .txt 文件进行保存。"删除"按钮:其中,"删除日志…"选项可删除当前视图中的事件消息;"删除全部日志…"选项可删除全部日志中的事件消息。"视图"按钮:用于切换事件消息的类别,如公用、系统等。

查看示教器
事件日志

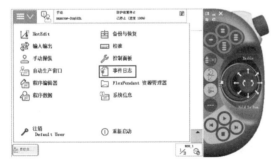

图 3-11　选择事件日志　　　　　　　图 3-12　事件日志消息

4.导入机器人程序的操作

单击左上角的主菜单按键→单击"程序编辑器",如图 3-13 所示→单击"模块",如图3-14所示→单击"文件"→单击"加载模块…",从"备份目录/RAPID"路径下加载所需要的程序模块,如图3-15所示。

导入机器人
程序的操作

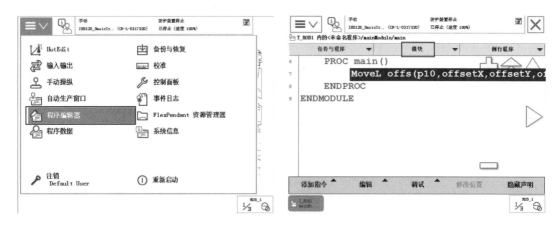

图 3-13　启动程序编辑器　　　　　　　　　　图 3-14　打开模块

图 3-15　加载模块

5. 导入 EIO 文件

单击左上角的主菜单按键→单击"控制面板",如图 3-16 所示→单击"配置",如图 3-17 所示。单击"文件",单击"加载参数",如图 3-18 所示→ 选择"删除现有参数后加载",如图 3-19 所示→ 单击"加载…"→在"备份目录/SYSPAR"路径下找到 EIO. cfg 文件,如图 3-20 所示→单击"确定"→单击"是",重启后完成导入,如图 3-21 所示。

导入EIO文件

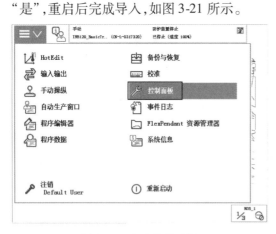

图 3-16　启动控制面板

图 3-17　配置系统参数

图 3-18 加载参数

图 3-19 选择加载参数模式

图 3-20 选择 EIO 文件

图 3-21 重启控制器

6. 数据的备份与恢复

在主菜单页面单击"备份与恢复",如图 3-22 所示→单击"备份当前系统",如图 3-23 所示→选择想要保存的文件夹→单击"备份",如图3-24所示。

如果要恢复以前备份的系统,可以单击"恢复系统",如图 3-25 所示→选择所需恢复系统的文件位置→单击"恢复"即可,如图 3-26 所示。

数据的备份与恢复

图 3-22 选择"备份与恢复"

图 3-23 选择"备份当前系统"

45

所有模块和系统参数均将存储于备份文件夹中。
选择其他文件夹或按受默认文件夹。然后按一下"备份"。

备份文件夹
System825_Backup_20200825   ABC...

备份路径
C:/Users/win10-
PC/Documents/RobotStudio/Systems/BACKUP/   ...

备份将被创建在
C:/Users/win10-
PC/Documents/RobotStudio/Systems/BACKUP/System825_Backup_2020

高级...   备份   取消

图 3-24 选择备份文件夹    图 3-25 选择"恢复系统"

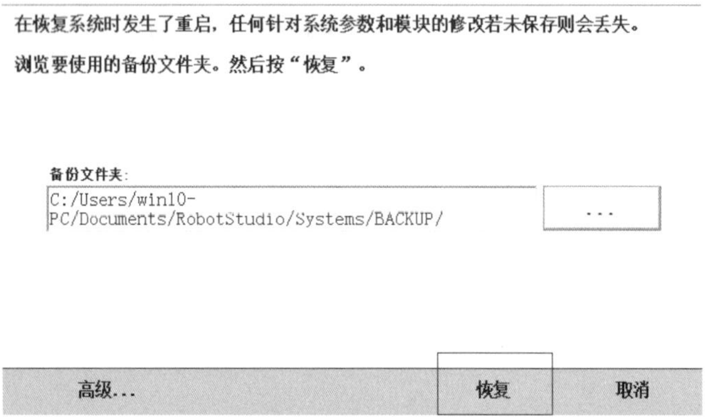

在恢复系统时发生了重启，任何针对系统参数和模块的修改若未保存则会丢失。

浏览要使用的备份文件夹。然后按"恢复"。

备份文件夹:
C:/Users/win10-
PC/Documents/RobotStudio/Systems/BACKUP/   ...

高级...   恢复   取消

图 3-26 单击"恢复"

▶任务评价

任务名称							
姓名		小组成员					
指导教师		完成时间			完成地点		
评价内容	自我评价			教师评价			
	掌握	知道	再学	优	良	合格	不合格
启动虚拟示教器							
设定示教器的显示语言							
查看工业机器人的常用信息日志							
导入机器人程序							
导入 EIO 文件							
备份与恢复数据							
工装整洁,工位干净;遵守纪律,爱护设备;全程操作规范,符合安全文明生产要求							

►任务拓展

一、设定机器人系统时间

为了方便进行文件的管理和故障的查阅与管理,在进行各种操作之前要将机器人系统的时间设定为本地时区的时间,具体操作如下:单击左上角的主菜单按钮→单击"控制面板"→单击"日期和时间"→对日期和时间进行设定→单击"确定"。

二、机器人的 EIO 文件

EIO 文件保存了 ABB 机器人有关 IO 的全部配置文件,如果两台一模一样的机器人并且 IO 板卡硬件一样,就可以将 A 机器人的 EIO 文件直接复制到 B 机器人中,从而无须配置 B 机器人。

任务二　手动操作虚拟示教器

►任务描述

本任务主要介绍工业机器人虚拟示教器的单轴运动、线性运动和重定位运动 3 种手动操纵模式,以及机器人的转数计数器更新的虚拟操作。

►相关知识

手动操纵机器人

手动操纵机器人运动一共有 3 种模式:单轴运动、线性运动和重定位运动。

1. 单轴运动

一般地,ABB 机器人是由 6 个伺服电机分别驱动机器人的 6 个关节轴,那么每次手动操纵一个关节轴的运动,就称为单轴运动。

2. 线性运动

机器人的线性运动是指安装在机器人第六轴法兰盘上的工具 TCP(工具中心点)在空间中作线性运动。

3. 重定位运动

机器人的重定位运动是指机器人第六轴法兰盘上的工具 TCP 点在空间中绕着坐标轴旋转,也可以理解为机器人绕着工具 TCP 点作姿态调整的运动。

►任务实施

一、任务流程

单轴运动的手动操纵→线性运动的手动操纵→重定位运动的手动操纵。

二、具体操作

1. 单轴运动的手动操纵

在状态栏中,确认机器人的状态已切换为"手动",如图 3-27 所示→单击左上角主菜单按钮→单击"手动操纵",如图 3-28 所示→单击"动作模式",如图 3-29 所示→单击"轴 1—3",如图 3-30 所示→单击"确定"(选中"轴 4—6",就可以操纵轴 4—6)。

单击使能按钮"Enable",进入"电机开启"状态,操纵杆方向显示出移动的正方向,如图 3-31 所示→显示"轴 1—3"的操纵杆方向,箭头代表移动方向,如图 3-32 所示。

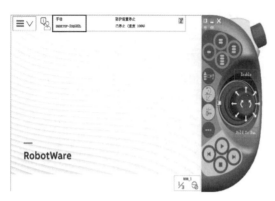

图 3-27 手动状态

图 3-28 选择手动操纵

图 3-29 选择动作模式

图 3-30 选择操纵轴 1—3

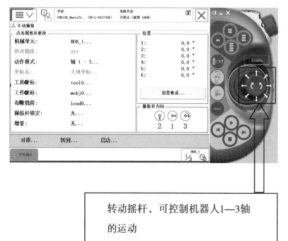

转动摇杆，可控制机器人1—3轴的运动

图 3-31 开启电机

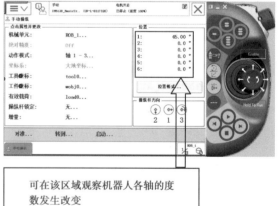

可在该区域观察机器人各轴的度数发生改变

图 3-32 操纵机器人 1—3 轴

操纵杆的使用技巧：可以将机器人的操纵杆比作汽车的节气门，操纵杆的操纵幅度是与机器人的运动速度相关的。操纵幅度较小，则机器人运动速度较慢。操纵幅度较大，则机器人运动速度较快。

2.线性运动的手动操纵

在状态栏中,确认机器人的状态已切换为"手动"→单击左上角主菜单按钮→单击"手动操纵",如图 3-33 所示→单击"动作模式",如图 3-34 所示。

线性运动的
手动操纵

图 3-33 选择手动操纵

图 3-34 选择动作模式

单击"线性"→单击"确定",如图 3-35 所示→单击"工具坐标",如图 3-36 所示→选中对应的工具"tool1"→单击"确定"→单击使能按钮"Enable"。

在状态栏中,显示电机开启状态→显示轴 X、Y、Z 的操纵杆方向。箭头代表正方向,如图 3-37 所示→操作示教器上的操纵杆,工具的 TCP 点在空间作线性运动,如图 3-38 所示。

图 3-35 选择线性操纵方式

图 3-36 选择工具坐标

图 3-37 线性操纵

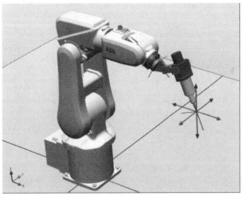

图 3-38 TCP 点在空间作线性运动

使用增量模式:如果使用操纵杆通过位移幅度来控制机器人运动的速度不够熟练。可以使用"增量"模式来控制机器人的运动,在增量模式下,操纵杆每位移一次,机器人移动一步。如果操纵杆持续一秒或数秒钟,机器人就会持续移动(速率为 10 步/s)。

单击"增量",如图 3-39 所示→根据需要选择增量的移动距离,如图 3-40 所示→单击"确定"。每种增量模式下的移动距离和弧度,如表 3-1 所示。

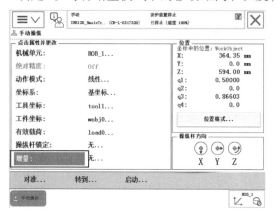

图 3-39　选择增量

图 3-40　选择增量模式

表 3-1　增量模式移动距离

增　量	移动距离 /mm	弧度 / rad
小	0.05	0.000 5
中	1	0.004
大	5	0.009
用户	自定义	自定义

3. 重定位运动的手动操纵

在状态栏中,确认机器人的状态已切换为"手动"→ 单击左上角主菜单按钮→单击"手动操纵",如图 3-41 所示→单击"动作模式",如图 3-42 所示。

重定位运动的
手动操纵

图 3-41　选择手动操纵

图 3-42　选择动作模式

单击"重定位"→单击"确定",如图 3-43 所示→单击"坐标系",如图 3-44 所示。

图 3-43　选择重定位

图 3-44　选择坐标系

单击"工具"→单击"确定",如图 3-45 所示→单击"工具坐标",如图 3-46 所示→选中对应的工具"tool1"。

图 3-45　选择工具坐标系

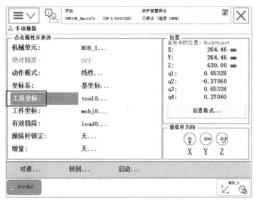

图 3-46　设置工具坐标

按下使能按钮"Enable",在状态栏中,显示"电机开启"状态→显示轴 X、Y、Z 的操纵杆方向。箭头代表正方向,如图 3-47 所示→操作示教器上的操纵杆,工具的 TCP 点在空间作重定位运动,如图 3-48 所示。

图 3-47　开启电机

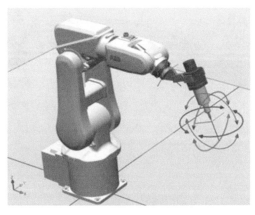

图 3-48　重定位操纵

1.手动操纵的快捷按钮

（1）单轴运动的快捷切换移动模式，单击 ⬤ 图标即可在移动轴1—3和移动轴4—6间切换。

（2）重定位运动或线性运动快捷切换移动模式，单击 ⬤ 图标即可在重定位运动和线性运动间切换。

（3）增量快捷开关，单击 ⬤ 图标即可打开或关闭增量模式，如图3-49所示。

2.手动操纵的快捷设置

单击右上角快捷菜单按钮，如图3-50所示→单击 图标→单击"显示详情"，如图3-51所示。手动操纵的快捷菜单如图3-52所示。

单击"增量模式"，选择需要的增量→自定义增量值，单击"用户模块"→单击"显示值"就可以进行增量值的自定义了。快捷功能键如图3-53所示。

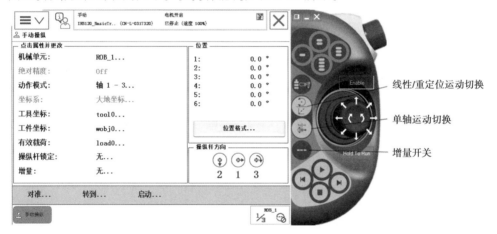

图3-49　手动操纵的快捷切换

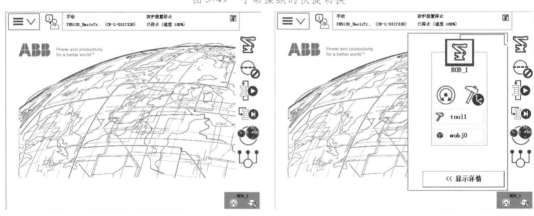

图3-50　快捷菜单　　　　　　　　　　　　　图3-51　显示详情

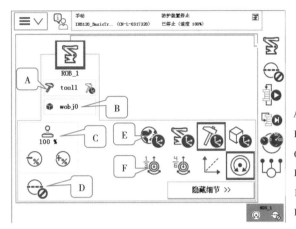

A选择当前使用的工具数据

B选择当前使用的工件坐标

C操纵杆速率

D增量开/关

E坐标系选择

F动作模式选择

图 3-52　手动操纵快捷菜单

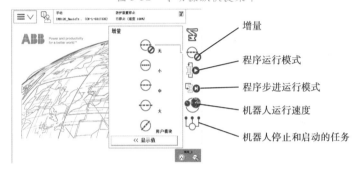

图 3-53　快捷功能键

▶任务评价

任务名称							
姓名		小组成员					
指导教师		完成时间		完成地点			
评价内容	自我评价			教师评价			
	掌握	知道	再学	优	良	合格	不合格
单轴运动的手动操纵							
线性运动的手动操纵							
重定位运动的手动操纵							
手动操纵的快捷按钮							
工装整洁,工位干净;遵守纪律,爱护设备;全程操作规范,符合安全文明生产要求							

▶任务拓展

一、需要更新转数计数器的情况

在以下的情况,需要对机械原点的位置进行转数计数器更新操作:

(1)更换伺服电机转数计数器电池后。

(2)当转数计数器发生故障,修复后。

(3)转数计数器与测量板之间断开过以后。

(4)断电后,机器人关节轴发生了位移。

(5)当系统报警提示"10036 转数计数器未更新"时。

二、转数计数器更新的原理

机器人 6 个关节轴都有一个机械原点的位置,使用手动操纵让机器人各关节轴运动到机械原点刻度位置,通常对齐的顺序是:4—5—6—1—2—3,各个型号的机器人机械原点刻度位置会有所不同。

本书中以 ABB IRB1200 型机器人的转数计数器更新的操作为示范,如图 3-54 所示,机器人的 6 个关节轴,如图 3-55 所示。

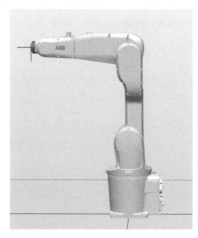

图 3-54   IRB1200 型机器人

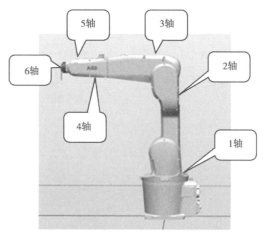

图 3-55   IRB1200 型机器人关节轴

三、转数计数器更新的虚拟操作

(1)在手动操纵菜单中,动作模式选择"轴 4—6",将关节轴 4 运动到机械原点的刻度位置,如图 3-56 所示→将关节轴 5 运动到机械原点的刻度位置,如图 3-57 所示→将关节轴 6 运动到机械原点的刻度位置,如图 3-58 所示→将关节轴 1 运动到机械原点的刻度位置,如图 3-59 所示→将关节轴 2 运动到机械原点的刻度位置,如图 3-60 所示→将关节轴 3 运动到机械原点的刻度位置,如图 3-61 所示。

转数计数器更新的虚拟操作

(2)单击左上角主菜单→单击"校准",如图 3-62 所示→ 单击"ROB_1",如图 3-63 所示→单击"校准参数"→单击"编辑电机校准偏移",如图 3-64 所示。

图 3-56　轴 4 机械原点刻度

图 3-57　轴 5 机械原点刻度

图 3-58　轴 6 机械原点刻度

图 3-59　轴 1 机械原点刻度

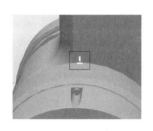

图 3-60　轴 2 机械原点刻度

图 3-61　轴 3 机械原点刻度

（3）将机器人本体上电机校准偏移记录下来，如图 3-65 所示→单击"是"，如图 3-66 所示→输入刚才从机器人本体记录的电机校准偏移数据→单击"确定"，如图 3-67 所示→单击"是"，如图 3-68 所示。

图 3-62　选择校准

图 3-63　选择机械单元

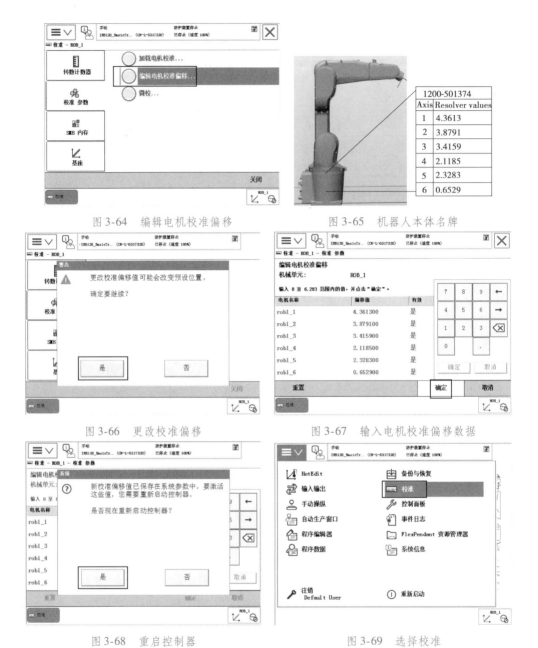

图 3-64　编辑电机校准偏移　　　　　　图 3-65　机器人本体名牌

图 3-66　更改校准偏移　　　　　　图 3-67　输入电机校准偏移数据

图 3-68　重启控制器　　　　　　图 3-69　选择校准

（4）重启后，单击"校准"，如图 3-69 所示→单击"ROB_1"，如图 3-70 所示→单击"更新转数计数器"，如图 3-71 所示→单击"是"，如图 3-72 所示→单击"确定"，如图 3-73 所示。

单击"全选"，然后单击"更新"，如图 3-74 所示→ 单击"更新"，如图 3-75 所示→ 转数计数器正在更新，如图 3-76 所示。注意：如果示教器中显示的数值与机器人本体上的标签数值一致，则无需修改，直接单击"取消"退出，再直接选择"更新转数计数器"即可。

图 3-70　选择机械单元

图 3-71　更新转数计数器

图 3-72　继续更新

图 3-73　选择更新机械单元

图 3-74　全选轴更新

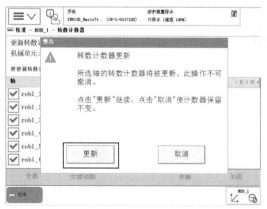

图 3-75　选择"更新"

图 3-76　转数计数器正在更新

任务三　配置工业机器人常用 I/O 信号

▶任务描述

本任务主要介绍什么是工业机器人 I/O 信号,可根据系统需要配置相应的系统 I/O 信号。

▶相关知识

一、工业机器人系统 I/O 信号

I/O 是 Input/Output 的缩写,即输入输出端口,机器人可通过 I/O 与外部设备进行交互,数字量输入常用于各种开关信号、传感器信号反馈,如按钮开关、转换开关、接近开关、光电传感器、光纤传感器等。数字量输出常用于控制各种继电器线圈和指示类信号,如接触器、继电器、电磁阀、指示灯、蜂鸣器等。

ABB 机器人提供了丰富的 I/O 通信接口,如标准通信、与 PLC 的现场总线通信、还有与 PC 机的数据通信,如图 3-77 所示,可以轻松实现与周边设备的通信。ABB 的标准 I/O 板提供的常用信号处理有数字量输入、数字量输出、组输入、组输出、模拟量输入、模拟量输出。

ABB 机器人可以选配标准 ABB 的 PLC,省去了原来与外部 PLC 进行通信设置的麻烦,并且在机器人的示教器上就能实现与 PLC 的相关操作,机器人主机接线端子如图 3-78 所示。

本任务中,以最常用的 ABB 标准 I/O 板 DSQC652 和 Profibus—DP 为例,对如何进行相关参数设定进行了详细地讲解。

WAN 接口需要选择选项"PC INTERFACE"才可以使用,使用何种现场总线,要根据需要进行选配。如果使用 ABB 标准 I/O 板,就必须有 DeviceNet 的总线,如图 3-79 所示。

二、ABB 标准 I/O 板

常用的 ABB 标准 I/O 板见表 3-2。

DSQC652 主要提供 16 个数字输入信号和 16 个数字输出信号的处理,如图 3-80 所示。

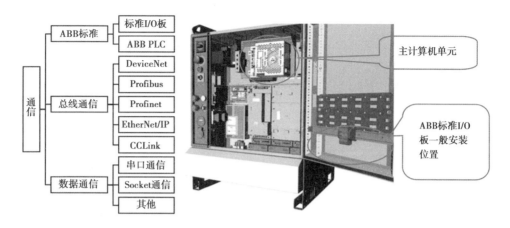

图 3-77 机器人通信

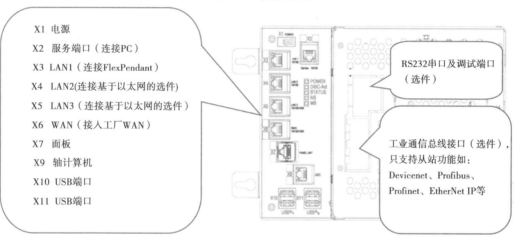

图 3-78 机器人主机接线端子

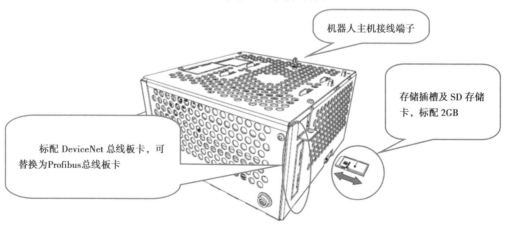

图 3-79 总线板卡

表 3-2　ABB 标准 I/O 板

型号	说明
DSQC 651	分布式 I/O 模块 di8\do8\ao2
DSQC 652	分布式 I/O 模块 di16\do16
DSQC 653	分布式 I/O 模块 di8\do8 带继电器
DSQC 355A	分布式 I/O 模块 ai4\ao4
DSQC 377A	输送链跟踪单元

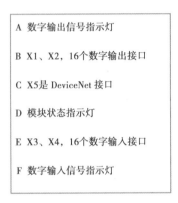
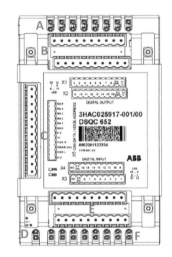

A　数字输出信号指示灯

B　X1、X2，16个数字输出接口

C　X5是 DeviceNet 接口

D　模块状态指示灯

E　X3、X4，16个数字输入接口

F　数字输入信号指示灯

图 3-80　DSQC652 板卡

▶任务实施

一、任务流程

系统参数设置→系统 I/O 板卡配置→I/O 信号配置→可编程按键的设置与使用。

二、具体操作

1.系统参数设置

在项目二中,已经介绍过工作站中机器人系统的创建,在设置选项中将"System Options"中的"Industria Networks"勾选"709-1Device Net Master/Slave"总线,如图 3-81 所示。

系统参数设置

2.系统 I/O 板卡配置

单击菜单栏→单击"控制面板",如图 3-82 所示→配置系统参数,如图 3-83 所示→单击"DeviceNet Device",如图 3-84 所示→单击"添加",如图 3-85 所示。

系统I/O板卡设置

单击"使用来自模板的值"对应方框的下箭头→单击"DSQC 652 24 VDC I/O Device",如图 3-86、图 3-87 所示→单击"Adress 63",如图 3-88 所示,将 63 改为 10,如图 3-89 所示→单击"确定",如图 3-90 所示→不重启,单击"否",如图 3-91 所示。

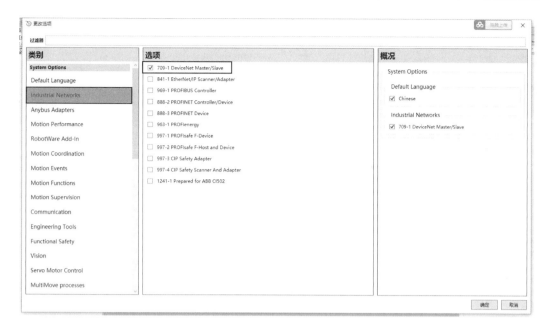

图 3-81　总线设置

图 3-82　选择控制面板

图 3-83　选择配置系统参数

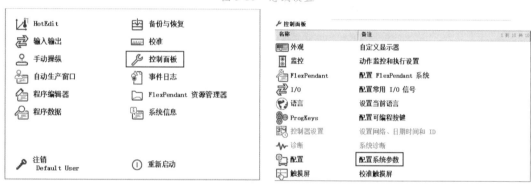

图 3-84　选择类型　　　　　　　　　　图 3-85　单击"添加"

图 3-86　选择 DSQC652 板卡

图 3-87　DSQC652 板卡

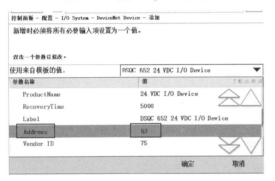

图 3-88　设置地址

图 3-89　输入地址 10

图 3-90　DSQC652 板卡设置成功

图 3-91　不重新启动

注意：在完成系统模块添加后可暂不重新启动，可以接着配置系统 I/O 信号，所有 I/O 信号配置完成后再重新启动，所有系统配置要重启后方可生效。

3. I/O 信号配置

机器人输入输出信号表示方法如下：

单个数字信号：DI 表示单个数字输入信号，DO 表示单个数字输出信号。

组数字信号：GI 表示组合输入信号，使用 8421 码；GO 表示组合输出信号，使用 8421 码。

设置单个数字输入信号

模拟信号：AI 表示模拟量输入信号，AO 表示模拟量输出信号。

注意：使用相应的输入输出信号必须配备相应的 I/O 板卡。

（1）设置单个数字输入信号 di0，参数如表 3-3 所示。

单击"控制面板",如图 3-92 所示。单击"配置系统参数",如图 3-93 所示。

表 3-3 数字输入信号 di0 参数

参数名称	设定值	说明
Name	di0	设定数字输入信号的名字
Type of Signal	Digital Input	设定信号的类型
Assigned to Device	d652	设定信号所在的 I/O 模块
Device Mapping	0	设定信号所占用的地址

图 3-92 选择控制面板

图 3-93 选择配置系统参数

单击"Signal",如图 3-94 所示→单击"添加",如图 3-95 所示;添加成功,如图 3-96 所示→单击"Name",如图 3-97 所示→输入 di0,如图 3-98 所示。

图 3-94 选择信号设置

图 3-95 添加信号

图 3-96 信号默认状态

图 3-97 设置信号名字

图 3-98 输入名称 di0

图 3-99 设置信号类型

单击"Type of Signal"→单击"Digital Input"设置信号类型位数字输入,如图 3-99 所示→单击"Assigned to Device"→单击"d652",设置挂靠板卡,如图 3-100 所示→单击"Device Mapping",如图 3-101 所示→将 Device Mapping 信号地址设置成 0,如图 3-102 所示;也可根据具体需要设置地址编号,信号地址设置成功,如图 3-103 所示。

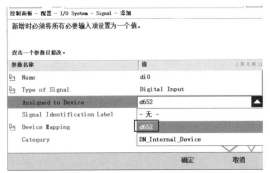

图 3-100 设置信号所属板卡

图 3-101 设置信号地址

图 3-102 输入数字 0

图 3-103 信号地址设置成功

完成单个数字输入信号的设置以后系统会出现是否重启,一般不立即重启,所有 I/O 信号配置完毕后再选择重启,如图 3-104 所示。

(2)设置单个数字输出信号 do0,参数如表 3-4 所示。

单个数字输出信号和单个数字输入信号配置大致相同,不同之处在于 Type Of Signal 信号类型选择"Digital Output"。

设置单个数字
输出信号

图 3-104　信号设置完成重启后生效

表 3-4　数字输出信号 do0 参数

参数名称	设定值	说明
Name	do0	设定数字输出信号的名字
Type of Signal	Digital Output	设定信号的类型
Assigned to Device	d652	设定信号所在的 I/O 模块
Device Mapping	0	设定信号所占用的地址

　　单击"控制面板"→单击"配置系统参数"→单击"Signal"→单击"添加"→输入 Name 为 do0→单击"Type of Signal"→单击"Digital Output"→单击"Assigned to Device"→单击"d652"→单击"Device Mapping"→将 Device Mapping 设置成 0,可根据具体需要设置地址,如图 3-105 所示,完成单个数字输出信号的设置,系统会出现是否重启,一般不立即重启,所有系统 I/O 信号配置完毕再选择重启,如图 3-106 所示。

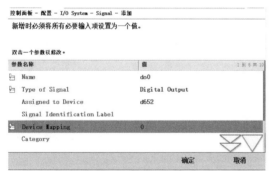

图 3-105　设置 do0 数字输出信号　　　　图 3-106　数字输出信号设置完成

　　注意:ABB 机器人标准 I/O 信号板 DSQC652 的输入输出为 16 数字输入、16 数字输出, 即输入信号地址为 0—15,输出信号地址也为 0—15,并不冲突。

　　(3)配置组输入信号 gi0,参数如表 3-5 所示。

　　ABB 机器人的组输入/组输出信号是机器人单独的输入/输出信号的联合体,组信号是通过组信号与外部设备传输整数数字。使用中,一个信号只能有 0 或 1 两种状态,有时可能由于硬件限制的原因比如 I/O 板的 I/O 端口

配置组输入信号

数量不够但又不方便新增 I/O 板的情况下可以利用组信号提高信号端利用率,组输入信号就是将几个数字输入信号组合起来使用,用于接受外围设备输入的 BCD 编码的十进制数。gi0 占用地址 1—4 共 4 位,可以代表十进制数 0—15。以此类推,如果占用地址 5 位的话,可以代表十进制数 0—31。

表 3-5　组输入信号 gi0 的参数

参数名称	设定值	说明
Name	gi0	设定组输入信号的名字
Type of Signal	Group Input	设定信号的类型
Assigned to Device	d652	设定信号所在的 I/O 模块
Device Mapping	1—4	设定信号所占用的地址

组输入信号配置:单击"控制面板"→单击"配置系统参数"→单击"Signal"→单击"添加"→单击"Name"输入名字为 GI0→单击"Type of Signal"→单击"Group Input"→单击"Assigned to Device"→单击"d652"→单击"Device Mapping"→将 Device Mapping 设置成 1—4(连续占用的地址为 1,2,3,4),即完成了组输入信号的设置,完成设置以后系统会出现是否重启,一般不立即重启,把所有系统 I/O 信号配置完毕再选择重启,如图 3-107 所示。

图 3-107　设置组输入信号

配置组输出信号

(4)配置组输出信号 go0,参数见表 3-6。

表 3-6　组输出信号 go0 的参数

参数名称	设定值	说明
Name	Go0	设定组输出信号的名字
Type of Signal	Group Output	设定信号的类型
Assigned to Device	d652	设定信号所在的 I/O 模块
Device Mapping	1,3,7,9	设定信号所占用的地址

组输出信号配置:单击"控制面板"→单击"配置系统参数"→单击"Signal"→单击"添加"→单击"Name"输入名字为 GO0→单击"Type of Signal"→单击"Group Output"→单击

"Assigned to Device"→单击"d652"→单击"Device Mapping"→将 Device Mapping 设置成(1,3,7,9),即完成了组输出信号的设置,如图 3-108 所示。

注意:在 ABB 机器人的组信号配置中,地址连续的信号可以使用英文半角的"-"号将组信号的首地址与末地址连接起来。如果组信号的地址是不连续的地址,那么就需要通过使用英文半角的","将不连续的地址依次配置。

(5)虚拟数字输入/输出信号配置。

在虚拟仿真中,大多数时候并没有具体外围设备和输入信号,往往需要一些虚拟信号去模拟外部真实信号的仿真,此时就需要设置虚拟信号。

虚拟数字输入/
输出信号配置

图 3-108　设置组输出信号

单击"控制面板→单击"配置系统参数"→单击"Signal"→单击"添加"→单击"Name"设置名字为 Vdi0→单击"Type of Signal"→单击"Digital Input",如图 3-109 所示,其他的都不设置,即完成了单个虚拟数字输入信号的设置。完成设置以后,系统会出现"是否重启"提示框,一般不立即重启,把所有系统 I/O 信号配置完毕再选择重启,设置的所有信号如图 3-110 所示。

图 3-109　设置虚拟信号

图 3-110　虚拟信号 vdi0

(6)可编程按键的设置与使用,为可编程按键分配快捷控制的 I/O 信号,可方便快捷地进行仿真操作。单击"控制面板"→单击"配置可编程按键",如图 3-111 所示。

单击"按键1",如图3-112所示→单击"类型"下箭头,选择类型→单击"按下按键"下箭头,选择反应方式→单击"允许自动模式"下箭头,设置是否允许自动模式→右边框中选择对应的I/O数字信号→单击"确定",如图3-113所示。同样的方法,可根据需要设置按键2、按键3、按键4对应的快捷操作I/O端口。

可编程按钮的
设置与使用

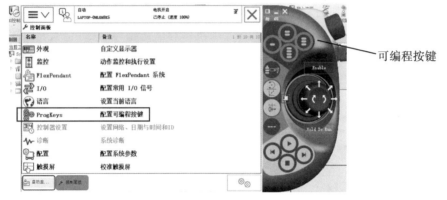

图3-111　配置可编程按键

图3-112　配置可编程按键1　　　　图3-113　设置信号类型

▶任务评价

任务名称							
姓名		小组成员					
指导教师		完成时间			完成地点		
评价内容	自我评价			教师评价			
	掌握	知道	再学	优	良	合格	不合格
设置系统参数							
配置系统I/O板卡							
配置I/O信号							
设置与使用可编程按键							

续表

评价内容	自我评价			教师评价			
	掌握	知道	再学	优	良	合格	不合格
工装整洁,工位干净;遵守纪律,爱护设备;全程操作规范,符合安全文明生产要求							

▶任务拓展

Profibus 适配器的连接

1. 机器人端配置 Profibus 的参数

除了通过 ABB 机器人提供的标准 I/O 板与外围设备进行通信,ABB 机器人还可以使用 DSQC667 模块通过 Profibus 与 PLC 进行快捷和大数据量的通信,如图 3-114 和图 3-115 所示。

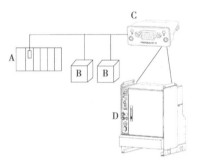

A：PLC 主站

B：总线上的从站

C：机器人 Profibus 适配器 DSQC667

D：机器人控制柜

图 3-114　DSQC667 模块通过 Profibus 与 PLC 通信

DSQC667

图 3-115　机器人 Profibus 适配器 DSQC667

说明 1:设置机器人端的 Profibus 地址,这里设置为"8",需要与 PLC 端添加机器人站点时设置的 Profibus 地址保持一致。总线上从站机器人端 Profibus 的地址参数设置如表 3-7 所示。

表 3-7　机器人端 Profibus 参数

参数名称	设定值	说明
Name	PROFIBUS_Anybus	总线网络(不可编辑)
Identification Label	PROFIBUS Anybus Network	识别标签
Address	8	总线地址
Simulated	No	模拟状态

说明 2:设置机器人端 Profibus 通信的输入、输出字节大小。这里设置为"4",表示机器人与 PLC 通信支持 32 个数字输入和 32 个数字输出。该参数允许设置的最大值为 64,意味着最多支持 512 个数字输入和 512 个数字输出。从站机器人端 Profibus 地址参数设置如表3-8 所示。

表 3-8　从站机器人端 Profibus 的通信参数

参数名称	设定值	说明
Name	PB_Internal_Anybus	板卡名称
Network	PROFIBUS_Anybus	总线网络
VendorName	ABB Robotics	供应商名称
ProductName	PROFIBUS Internal Anybus Device	产品名称
Label		标签
Input Size(bytes)	4	输入大小(字节)
Output Size(bytes)	4	输出大小(字节)

机器人端的配置:单击"控制面板",如图 3-116 所示→单击"配置系统参数",如图3-117 所示。

图 3-116　选择控制面板

图 3-117　选择配置系统参数

单击"Industrial Network",如图 3-118 所示→单击"PROFIBUS_Anybus",如图 3-119 所示→单击"Adress 125",如图 3-120 所示→将 125 改为 8→单击"确定",如图 3-121 所示→单击"确定",如图 3-122 所示→单击"否",如图 3-123 所示。

图 3-118　选择网络

图 3-119　选择总线

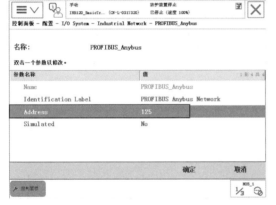

图 3-120　选择地址

图 3-121　设置地址

图 3-122　确定地址设置

图 3-123　不重启控制器

单击"PROFIBUS_Anybus",如图 3-124 所示→单击"PROFIBUS Internal Anybus Device",如图 3-125 所示→单击"PB_Internal_Anybus",如图 3-126 所示→单击"Output size

4"→单击"确定",如图 3-127 所示,单击"是",重启控制器,如图 3-128 所示。

图 3-124　选择总线　　　　　　　　　　　　图 3-125　选择工业总线

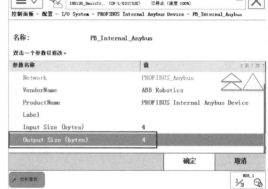

图 3-126　设置总线　　　　　　　　　　　　图 3-127　设置总线大小

　　说明:基于 Profibus 设定 I/O 信号的方法和 ABB 标准板上设定 I/O 信号的方法基本一致。需要注意的区别是在"Assigned to Device"中选择"PB_Internal_Anybus",单击"Assigned to Device"→单击"PB_ Internal_Anybus",如图 3-129 所示。

图 3-128　重启控制器　　　　　　　　　　　图 3-129　端口设置时选择总线驱动

2. PLC 端配置 Profibus 的参数

ABB 机器人上的 Profibus 从站的设定完成后,还需要在 PLC 端完成相应的设置。

(1)将 ABB 机器人的 DSQC667 配置文件安装到 PLC 组态软件中。

(2)在组态软件中将新添加的"Anybus-CC PROFIBUS DP-V1"加入工作站中,并设定 Profibus 地址(这里设定 8)。

(3)添加输入输出模块(这里添加总数各 4 字节的输入输出模块)。

(4)ABB 机器人中设置的信号与 PLC 端设置的信号是一一对应的(低位对低位)。

说明:按照路径(PRODUCTS/RobotWare_6XX/utility/service/GSD/HMS_1811.gsd)即可获取配置文件(HMS_1811.gsd)。

► 项目练习

一、简答题

1.简述机器人示教器使能按键的功能和使用方法。

2.简述需要对机械原点的位置进行转数计数器更新操作的情况。

二、操作题

1.在虚拟示教器上进行转数计数器更新操作。

2.在虚拟示教器上设置 d652 板卡,并添加以下 I/O 信号:di4、do4、gi2、go1。

参数名称	设定值	说明
Name	di4	设定数字输入信号的名字
Type of Signal	Digital Input	设定信号的类型
Assigned to Device	d652	设定信号所在的 I/O 模块
Device Mapping	4	设定信号所占用的地址

参数名称	设定值	说明
Name	do4	设定数字输出信号的名字
Type of Signal	Digital Output	设定信号的类型
Assigned to Device	d652	设定信号所在的 I/O 模块
Device Mapping	3	设定信号所占用的地址

参数名称	设定值	说明
Name	gi2	设定组输入信号的名字
Type of Signal	Group Input	设定信号的类型
Assigned to Device	d652	设定信号所在的 I/O 模块
Device Mapping	2—6	设定信号所占用的地址

参数名称	设定值	说明
Name	go1	设定组输出信号的名字
Type of Signal	Group Output	设定信号的类型
Assigned to Device	d652	设定信号所在的 I/O 模块
Device Mapping	3,5,8,9	设定信号所占用的地址

项目四 创建常用工具的 3D 模型

▶项目描述

　　3D 模型就是三维的、立体的模型,通常可以用三维软件创建人物、建筑、植被、机械等的立体模型,有助于在工业机器人离线编程软件中创建与实际生产环境 1∶1 的虚拟现实环境,由此对整个制造过程建模,在计算机上进行设计和制造过程的编辑与仿真,为生产制造提供快速、柔性、低成本的途径。本项目主要介绍 RobotStudio 软件和 Solidworks 软件的基本建模功能,并分别用这两款软件创建胶笔工具、吸盘工具和夹爪工具的 3D 模型,创建的模型将用于后续项目的离线编程仿真中。

▶学习目标

知识目标

掌握仿真软件 RobotStudio 的基本建模功能;

掌握 Solidworks 软件的基本建模功能;

了解胶笔工具、吸盘工具和夹爪工具的用途。

技能目标

能用 RobotStudio 软件创建胶笔工具;

能用 Solidworks 软件创建夹爪工具;

能用 Solidworks 软件创建吸盘工具。

任务一　利用 RobotStudio 软件给胶笔工具创建 3D 模型

▶任务描述

　　RobotStudio 软件的建模功能,可用于简单的工作站模型的创建,本任务主要介绍该仿真软件中的基本建模功能,并创建胶笔工具的 3D 模型。

▶相关知识

胶笔工具实物认识与测量

　　胶笔工具实物如图 4-1 所示。3D 建模即在 RobotStudio 软件中创建一个与胶笔工具实物等比的三维模型,用于工业机器人涂胶工作站的虚拟仿真。创建完成的胶笔工具 3D 模型如图 4-2 所示。胶笔工具尺寸如图 4-3 所示。

图 4-1　胶笔工具实物图

图 4-2　胶笔工具 3D 模型

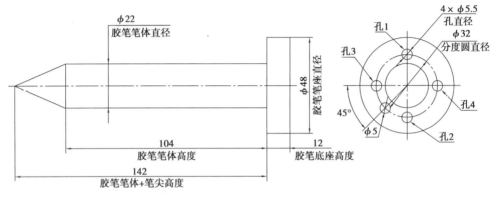

图 4-3　胶笔工具尺寸

▶任务实施

一、任务流程

创建"胶笔"工作站→创建"胶笔模型"空组件→创建胶笔工具的底座→创建胶笔工具的笔体→创建胶笔工具的笔尖→创建胶笔底座的孔→用 CAD 操作的减去功能,为胶笔工具的底座打 4 个孔。

胶笔整体建模

二、具体操作

1. 创建"胶笔"工作站

单击"新建"→单击"空工作站解决方案"→解决方案名称输入"胶笔"→位置"D:\"→单击"创建",如图 4-4 所示。

图 4-4　"胶笔"工作站

2. 创建"胶笔模型"空组件

单击"建模"→单击"组件组"→单击"组_1"→单击右键→单击"重命名"→输入"胶笔模型",胶笔工具的几部分组成一个组件,如图 4-5 所示。

图 4-5 创建组件组

3. 创建胶笔工具的底座

单击"建模"→单击"固体"→单击"圆柱体",如图 4-6 所示→输入圆柱体的底部参数(即胶笔工具底座的参数,如图 4-7 所示):中心点为原点(0,0,0)、直径 48 mm、高度 12 mm,如图 4-8 所示→单击"创建"→单击"关闭"→单击"部件_1"→单击右键→单击"重命名"→输入"底座"。

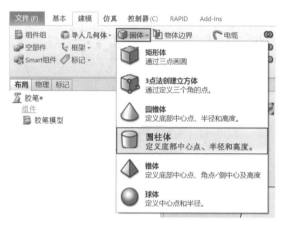

图 4-6 创建圆柱体

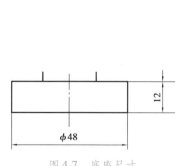

图 4-7 底座尺寸

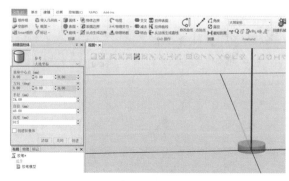

图 4-8 输入底座圆柱体参数

4. 创建胶笔工具的笔体

单击"建模"→单击"固体"→单击"圆柱体"→输入圆柱体的底部参数(即胶笔工具笔体的参数,如图4-9所示):中心点为(0,0,12)、直径22 mm、高度104 mm,如图4-10所示→单击"创建"→单击"关闭"→单击"部件_2"→单击右键→单击"重命名"→输入"胶笔体"。胶笔工具的底座和胶笔体创建完成,如图4-11所示。

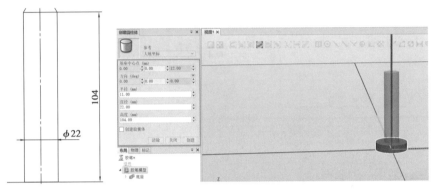

图4-9　笔体尺寸　　　　　　　　图4-10　输入笔体圆柱体参数

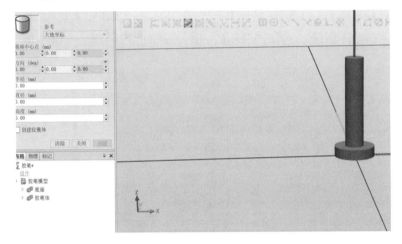

图4-11　底座和胶笔体创建完成

5. 创建胶笔工具的笔尖

单击"建模"→单击"固体"→单击"圆锥体"→输入圆锥体的底部参数(即胶笔工具笔尖的参数,如图4-12所示):中心点为(0,0,116)、直径22 mm、高度38 mm,如图4-13所示→单击"创建"→单击"关闭"→单击"部件_3"→单击右键→单击"重命名"→输入"胶笔尖"。底座、胶笔体和胶笔尖创建完成,如图4-14所示。

6. 创建胶笔底座的孔

(1)单击"建模"→单击"固体"→单击"圆柱体"→输入圆柱体的底部参数(即胶笔底座孔1的参数,如图4-15所示):中心点为(16,0,0)、直径5.5 mm、高度12 mm,如图4-16所示→单击"创建"→单击"关闭"→单击"部件_4"→单击右键→单击"重命名"→输入"孔1"。

图 4-12　笔尖尺寸　　　　　　　　　　图 4-13　输入笔尖圆锥体参数

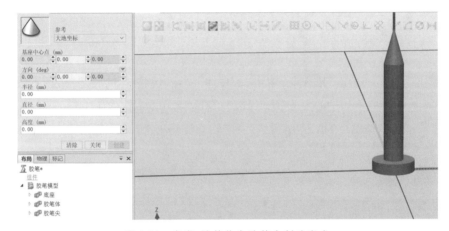

图 4-14　底座、胶笔体和胶笔尖创建完成

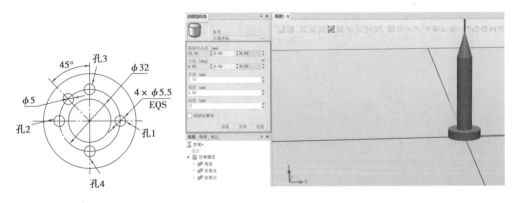

图 4-15　底座孔的尺寸　　　　　图 4-16　输入孔 1 圆柱体的参数

（2）单击"建模"→单击"固体"→单击"圆柱体"→输入圆柱体的底部参数（即胶笔底座孔 2 的参数,如图 4-15 所示）:中心点为（-16,0,0）、直径 5.5 mm、高度 12 mm,如图 4-17 所示→单击"创建"→单击"关闭"→单击"部件_5"→单击右键→单击"重命名"→输入"孔 2"。

（3）单击"建模"→单击"固体"→单击"圆柱体"→输入圆柱体的底部参数（即胶笔底座孔 3 的参数,如图 4-15 所示）:中心点为（0,16,0）、直径 5.5 mm、高度 12 mm,如图 4-18 所示→单击"创建"→单击"关闭"→单击"部件_6"→单击右键→单击"重命名"→输入"孔 3"。

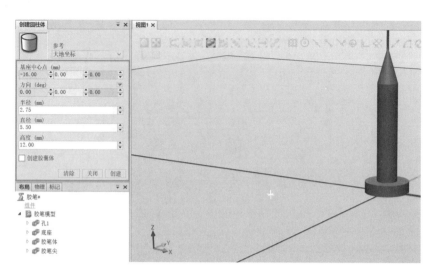

图 4-17　输入孔 2 圆柱体的参数

（4）单击"建模"→单击"固体"→单击"圆柱体"→输入圆柱体的底部参数（即胶笔底座孔 4 的参数，如图 4-15 所示）：中心点为（0，-16，0）、直径 5.5 mm、高度 12 mm，如图 4-19 所示→单击"创建"→单击"关闭"→单击"部件_7"→单击右键→单击"重命名"→输入"孔 4"。

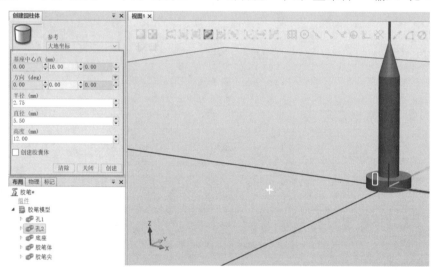

图 4-18　输入孔 3 圆柱体的参数

7. 用 CAD 操作的减去功能，为胶笔工具的底座打 4 个孔

（1）胶笔底座减去孔 1 产生新的底座 1：单击"建模"→单击"减去"→单击"减去…"下的方框（可看到光标在里面闪烁）→单击"底座旁的箭头"→单击"物体"选中底座-Body→单击"…与"下的方框（可看到光标在里面闪烁）→单击"孔 1 旁的箭头"→单击"物体"选中孔 1-Body，如图 4-20 所示→单击"部件_8"→单击鼠标右键→单击"重命名"→输入"底座 1"→单击"底座"→单击鼠标右键→单击"删除"，删除原来的底座之后，胶笔模型的部件如图 4-21 所示。

胶笔底座打孔

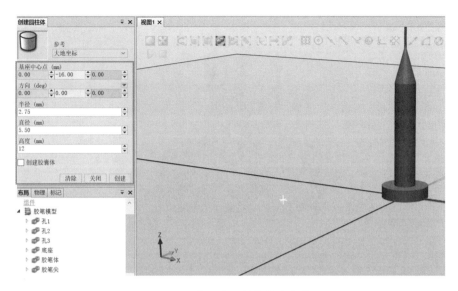

图 4-19　输入孔 4 圆柱体的参数

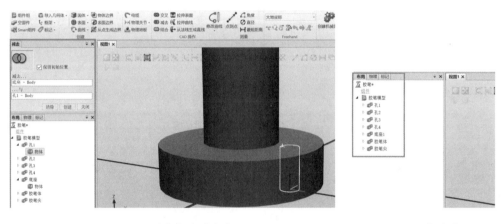

图 4-20　胶笔底座减去孔 1　　　　　　　图 4-21　新底座 1

（2）底座 1 减去孔 2 产生新的底座 2：单击"建模"→单击"减去"→单击"减去…"下的
方框（可看到光标在里面闪烁）→单击"底座 1 旁的箭头"→单击"物体"选中底座 1-Body→
单击"…与"下的方框（可看到光标在里面闪烁）→单击"孔 2 旁的箭头"→单击"物体"选中
孔 2-Body，如图 4-22 所示→单击"部件_9"→单击鼠标右键→单击"重命名"→输入"底座
2"→单击"底座 1"→单击鼠标右键→单击"删除"，删除原来的底座 1 之后，胶笔模型的部
件如图 4-23 所示。

（3）用底座 2 减去孔 3 产生新的底座 3：单击"建模"→单击"减去"→单击"减去…"下
的方框（可看到光标在里面闪烁）→单击"底座 2 旁的箭头"→单击"物体"选中底座 2-Body
→单击"…与"下的方框（可看到光标在里面闪烁）→单击"孔 3 旁的箭头"→单击"物体"选
中孔 3-Body，如图 4-24 所示→单击"部件_10"→单击鼠标右键→单击"重命名"→输入"底
座 3"→单击"底座 2"→单击鼠标右键→单击"删除"，删除原来的底座 2 之后，胶笔模型的
部件如图 4-25 所示。

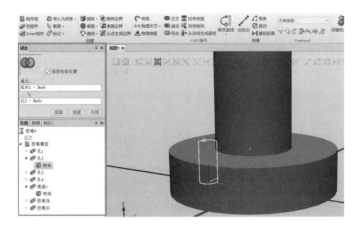 

图 4-22　胶笔底座 1 减去孔 2　　　　　　　　图 4-23　新底座 2

（4）用底座 3 减去孔 4 产生新的底座 4：单击"建模"→单击"减去"→单击"减去…"下的方框（可看到光标在里面闪烁）→单击"底座 3 旁的箭头"→单击"物体"选中底座 3-Body→单击"…与"下的方框（可看到光标在里面闪烁）→单击"孔 4 旁的箭头"→单击"物体"选中孔 4-Body，如图 4-26 所示→单击"部件_11"→单击鼠标右键→单击"重命名"→输入"底座 4"→单击"底座 3"→单击鼠标右键→单击"删除"，删除原来的底座 3 之后，胶笔模型的部件如图 4-27 所示。

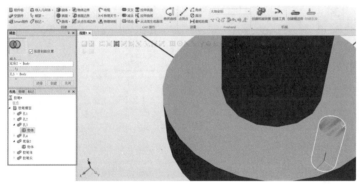 

图 4-24　胶笔底座 2 减去孔 3　　　　　　　　图 4-25　新底座 3

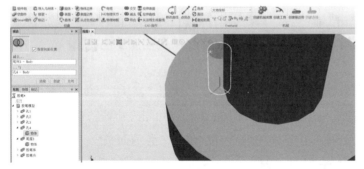 

图 4-26　胶笔底座 3 减去孔 4　　　　　　　　图 4-27　新底座 4

（5）删除孔 1、孔 2、孔 3、孔 4：按住 Ctrl 同时单击孔 1、孔 2、孔 3、孔 4→单击鼠标右键→

单击"删除",如图4-28所示。剩下底座4、胶笔体、胶笔尖,如图4-29所示。

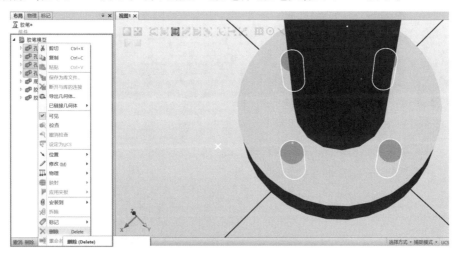

图4-28　删除孔1、孔2、孔3、孔4

图4-29　保留底座4、胶笔体、胶笔尖

将模型保存为库文件:单击"胶笔模型"→单击鼠标右键→单击"保存为库文件",如图4-30所示→设置保存路径,输入文件名为胶笔模型,如图4-31所示。

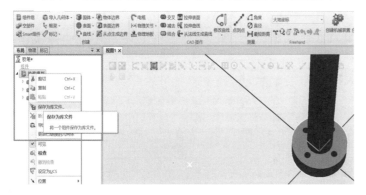

图4-30　保存模型为库文件

图4-31　设置库文件名称

胶笔模型创建完成,如图 4-32 所示。

图 4-32   胶笔模型创建完成

▶任务评价

任务名称							
姓名		小组成员					
指导教师		完成时间			完成地点		
评价内容	自我评价			教师评价			
	掌握	知道	再学	优	良	合格	不合格
创建"胶笔"工作站							
创建"胶笔模型"空组件							
创建胶笔工具的底座							
创建胶笔工具的笔体							
创建胶笔工具的笔尖							
创建胶笔底座的孔							
用 CAD 操作的减去功能,为胶笔工具的底座打 4 个孔							
工装整洁,工位干净;遵守纪律,爱护设备;全程操作规范,符合安全文明生产要求							

▶任务拓展

RobotStudio 软件的模型测量功能

常用测量功能:测量点到点的距离,如图 4-33 所示;测量两直线的相交角度,如图 4-34 所示;测量物体间的最短距离,如图 4-35 所示。

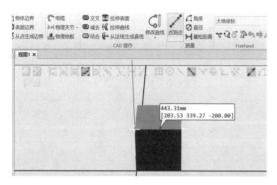

图 4-33　测量点到点的距离

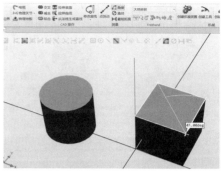

图 4-34　测量两直线的相交角度

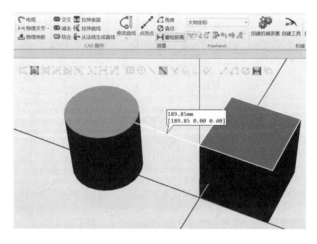

图 4-35　测量物体间的最短距离

任务二　利用 SOLIDWORKS 软件给夹爪工具创建 3D 模型

▶任务描述

本任务对夹爪工具实物进行测量与分解得出装配图,介绍 SOLIDWORKS 软件基本功能,并用此软件完成夹爪工具的 3D 模型创建。

▶相关知识

一、SOLIDWORKS 2016 基本操作

(1)启动 SOLIDWORKS 2016:双击桌面上 SOLIDWORKS 2016 快捷方式图标"🟥"启动该软件,进入 SOLIDWORKS 2016 的启动画面如图 4-36 所示。启动画面消失后,系统进入 SOLIDWORKS 2016 的初始界面,如图 4-37 所示。初始界面中只有几个菜单栏和"快速访问"工具栏,用户可在设计过程中根据自己的需要,打开其他工具栏。

启动软件

图 4-36　SOLIDWORKS 2016 的启动画面　　　图 4-37　SOLIDWORKS 2016 的初始界面

（2）新建文件：单击"快速访问"工具栏中的 ·（新建）按钮，或者单击菜单栏中的"文件"→单击"新建"，也可以用快捷方式 Ctrl + N 执行→弹出"新建 SOLIDWORKS 文件"对话框，如图 4-38 所示，→双击 "零件"进入用户界面，如图 4-39 所示。

图 4-38　新建零件　　　　　　　　　　图 4-39　用户界面

（3）保存零件：单击"文件"→单击"保存"，如图 4-40 所示→选择保存路径→在文件名输入自定义的文件名→选择保存类型为"零件（ * . prt；* . sldprt）"→单击"保存"，完成文件保存，如图 4-41 所示。

图 4-40　文件保存　　　　　　　　　　图 4-41　保存对话框

二、什么是机器人夹爪

机器人夹爪又称末端执行器，对于工业机器人来说，夹爪的应用非常广泛，搬运物料就是夹爪作业方式中较为重要的应用之一。工业机器人作为一种具有较强通用性的作业设备，其作业任务能否顺利完成，直接取决于夹持机构，因此机器人末端的夹持机构要结合实际的作业任务及工作环境的要求来设计，从而使夹持机构结构形式多样化。大多数机械式夹持机构为双指头爪式，根据手指运动方式可分为：回转型、平移型；夹持方式的不同又可分成内撑式与外夹式;根据结构特性可分为气动式、电动式、液压式及其组合夹持机构。本项目运用的夹爪为气动式双指头夹爪。

三、机器人夹爪工装的构成

机器人夹爪工装实物图,如4-42所示,主要由连接板、气动手指、夹爪、螺钉几部分组成。夹爪工装装配体,如图4-43所示。

图 4-42 夹爪工装实物图

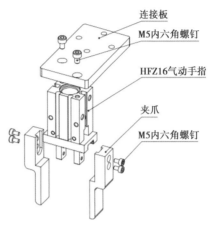

图 4-43 夹爪工装装配体

►**任务实施**

一、任务流程

夹爪连接板建模→手指建模→装配→保存文件。

二、具体操作

(一)夹爪连接板建模

1.夹爪连接板测绘

利用游标卡尺对夹爪连接板进行测量并绘制零件图,本任务之前已经测绘完成,夹爪连接板零件图,如图4-44所示。

2.夹爪连接板草图绘制

草图介绍:模型的大部分特征是由二维草图绘制,草图绘制在该软件使用中占有重要地位,草图一般是由点、线、圆弧、圆和抛物线等基本图形构成的封闭或不封闭的几何图形,是三维实体建模的基础。一个完整的草图包括几何形状、几何关系和尺寸标注三方面的信息,本任务以机器人夹爪为例绘制草图。绘制二维草图,必须进入草图绘制状态。草图必须在平面上绘

夹爪连接板

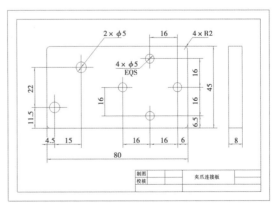

图 4-44 夹爪连接板零件图

制,这个平面可以是基准面,也可以是三维模型上的平面。由于开始进入草图绘制状态时,没有三维模型,因此必须指定基准面,初次进入草图绘制时,一般情况下通过选择"前视基

准面""上视基准面""右视基准面"其中一种进入草图绘制界面。

（1）进入草图绘制界面：单击"新建"→双击 ![icon]"零件"进入用户界面→单击选择 ![icon]"草图绘制"，如图 4-45 所示，→单击选择 ![icon]"设计树"→单击选择 ![icon]"前视基准面"进入草图绘制界面，如图 4-46 所示。

图 4-45　草绘基准　　　　　　　　　　　　　　图 4-46　草图绘制界面

（2）绘制矩形：在草图绘制状态下单击选择 ![icon]"边角矩形"→在草图绘制界面单击左键选择矩形左上→拖动鼠标产生实时预览→单击左键选择矩形右下点，完成后单击 ![icon]"关闭对话框"退出矩形绘制，如图 4-47 所示。

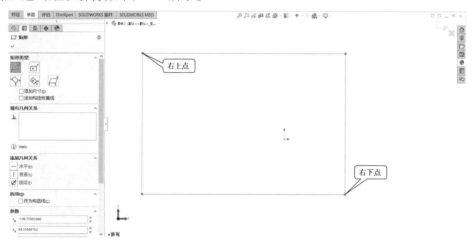

图 4-47　"边角矩形"选择点

（3）原点位置标注。

用户可以指定尺寸和各实体之间的几何关系，更改尺寸将改变零件的尺寸与形状，标注两个元素之间的距离，两个元素可以是线与线之间的距离、孔与孔之间的距离、线与孔之间的距离等。尺寸标注是草图绘制过程中的重要组成部分，前面绘制的草图并未对尺寸进行精确控制，因此尺寸必须进行尺寸标注。

单击"智能尺寸"→单击选择坐标原点→单击选择边 1 弹出尺寸线，如图 4-48 所示→移动鼠标把尺寸线移到合适位置→单击弹出修改对话框,如图 4-49 所示→在对话框里输入距离"22.5"→单击 ✔"保存"或按"回车"完成原点到边 1 的距离标注。

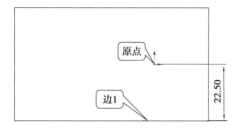

图 4-48　点线标注　　　　　　　　　　　　　　图 4-49　修改对话框

单击选择坐标原点→单击边 2 弹出尺寸线,如图 4-50 所示→移动鼠标把尺寸线移到合适位置→单击弹出修改对话框,如图 4-51 所示→在对话框里输入距离"22"→按"回车"完成原点到边 2 的距离标注。

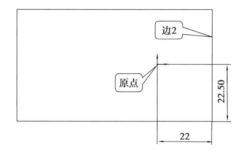

图 4-50　点线标注　　　　　　　　　　　　　　图 4-51　修改对话框

(4)边长标注。

单击选择边 1 弹出尺寸线→移动鼠标把尺寸线拖到合适位置→单击弹出修改对话框→在修改对话框里输入长度"80"→按"回车"完成边 1 标注,如图 4-52 所示。

单击选择边 2 弹出尺寸线→移动鼠标把尺寸线移到合适位置→单击弹出修改对话框→在修改对话框里输入宽度"45"→按"回车"完成边 2 标注,如图 4-53 所示→单击 ✔"关闭对话框"退出标注。

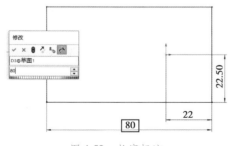

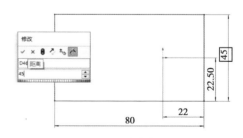

图 4-52　长度标注　　　　　　　　　　　　　　图 4-53　宽度标注

(5)绘制圆角:单击 ⌐"绘制圆角",如图 4-54 所示→弹出"绘制圆角"属性管理器→在圆角参数栏里输入圆角半径"2",如图 4-55 所示→鼠标单击矩形 4 个尖角点即可生成预览圆角(黄色线为圆角预览),如图 4-56 所示→按"回车"完成圆角的绘制,如图 4-57 所示。

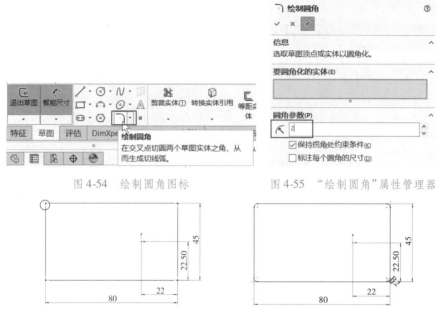

图 4-54　绘制圆角图标　　　　　　　　图 4-55　"绘制圆角"属性管理器

图 4-56　圆角绘制预览　　　　　　　图 4-57　圆角绘制完成示意图

（6）绘制圆。

单击选择草图面板中的 ☉"圆"，如图 4-58 所示→在矩形框内单击一点确定圆心→拖动鼠标即可生成圆形预览→在尺寸框里输入"5"，如图 4-59 所示→按"回车"确定完成第一个圆绘制→按照零件图圆孔所在的大致位置按照绘制圆的方法绘制剩余 5 个圆，完成示意图如图 4-60 所示。

（7）圆直径标注。

单击 ✎"智能尺寸"→单击圆弹出尺寸线，如图 4-61 所示→单击弹出尺寸修改对话框，如图 4-62 所示→在对话框里输入"5"→按"回车"完成圆直径标注，如图 4-63 所示→用同样的标注方法对剩余圆直径进行标注，如图 4-64 所示。

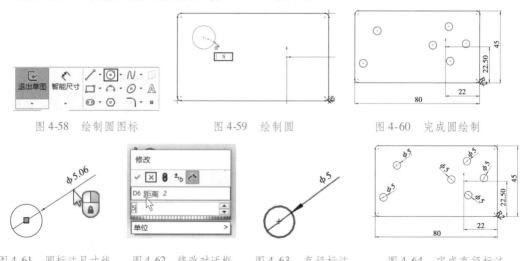

图 4-58　绘制圆图标　　　　图 4-59　绘制圆　　　　图 4-60　完成圆绘制

图 4-61　圆标注尺寸线　　图 4-62　修改对话框　　图 4-63　直径标注　　图 4-64　完成直径标注

（8）圆位置（孔距）标注。

单击"智能尺寸"→单击圆1→单击第二个圆弹出距离尺寸线→水平方向拖动鼠标放置尺寸线位置→单击弹出修改对话框,如图4-65所示→在框里输入距离"22"→按"回车"确定完成距离标注,如图4-66所示。

单击圆1→单击边1弹出尺寸线→水平方向拖动鼠标放置尺寸线位置→单击弹出修改对话框,如图4-67所示→在框里输入距离"11.5"→按"回车"完成距离标注,如图4-68所示。

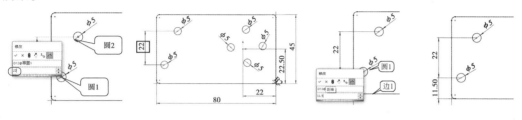

图4-65　修改对话框　　　图4-66　孔距标注　　　图4-67　修改对话框　　图4-68　孔距标注

单击圆1→单击圆2弹出距离尺寸线→竖直方向拖动鼠标放置尺寸线位置→单击弹出修改对话框,如图4-69→在框里输入距离"15"→按"回车"确定完成距离标注,如图4-70所示。

单击圆1→单击边2弹出尺寸线→竖直方向拖动鼠标放置尺寸线位置→单击弹出修改对话框,如图4-71所示→在框里输入距离"4.5"→按"回车"完成距离标注,如图4-72所示。

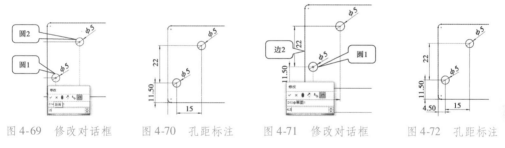

图4-69　修改对话框　　　图4-70　孔距标注　　　图4-71　修改对话框　　　图4-72　孔距标注

用尺寸标注方法分别对如图4-73所示1#～8#尺寸进行标注。

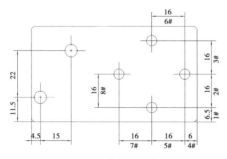

图4-73　剩余孔距标注

3.拉伸

拉伸特征是将一个草图截面,沿指定的方向延伸一段距离后所形成的特征。

在草图状态下单击选择"特征",如图4-74所示→单击 "拉伸凸台/基体"弹出拉伸对话框,如图4-75所示→在尺寸框里输入连接板厚度"8",→单击 "方向"切换拉伸方向→

按"回车"完成夹爪连接板拉伸建模,如图4-76所示。

图4-74 "拉伸"图标 图4-75 拉伸对话框 图4-76 拉伸完成

4.保存文件

单击菜单栏中的"文件"→单击"保存"命令,如图4-77所示,或者按快捷键 Ctrl + S 弹出保存对话框,如图4-78所示→选择或新建文件夹及保存路径→自定义文件名"夹爪连接板"→保存类型为默认"零件"格式。

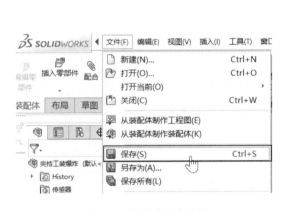

图4-77 "保存"命令位置 图4-78 保存对话框

(二)手指建模

1.手指测绘

利用游标卡尺对手指进行测量并绘制零件图,本任务之前已经测绘完成,如图4-79所示。

2.手指草图绘制

(1)进入草图绘制界面。进入 SOLIDWORKS 2016 用户界面→单击 草图绘制"草图绘制"→单击 "设计树"→单击 右视基准面 "右视基准面",如图4-80所示,进入草图绘制界面如图4-81所示。

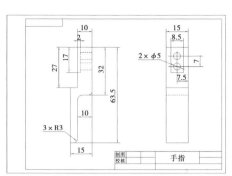

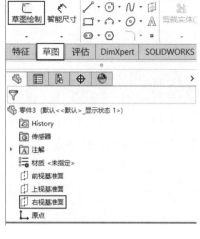

图 4-79　手指零件图　　　　　　　　　图 4-80　选择草绘基准面

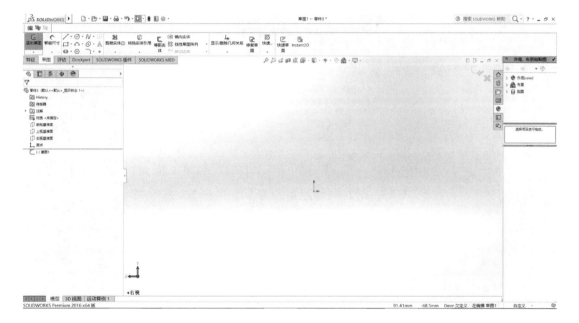

图 4-81　草图绘制界面

（2）直线绘制。单击 ✐·"直线"，如图 4-82 所示→单击原点→竖直方向拖动鼠标生成竖直直线预览，鼠标拖动时方向不准确，当直线竖直状态时在鼠标处出现 ⌐竖直图标，如图 4-83 所示→输入长度"32"→按"回车"→水平方向拖动鼠标生成水平直线预览，直线水平时出现 ═水平图标，如图 4-84 所示→输入长度"10"→按"回车"→拖动鼠标生成竖直直线，如图 4-85 所示→输入长度"31.5"→按"回车"→按照相同的方法绘制剩余直线，如图 4-86 所示→按"Esc"退出直线绘制。

（3）圆角绘制。单击 ⌐"绘制圆角"→弹出"绘制圆角"属性管理器→在圆角参数栏里输入圆角半径"3"，如图 4-87 所示→鼠标单击手指 3 个尖角点即可生成预览圆角→按"回车"完成圆角绘制，如图 4-88 所示。

93

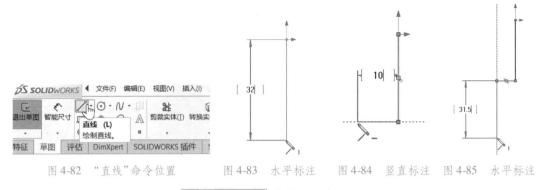

图 4-82 "直线"命令位置　　图 4-83 水平标注　图 4-84 竖直标注　图 4-85 水平标注

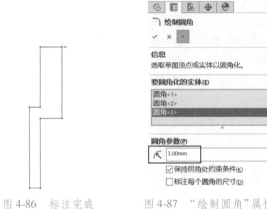
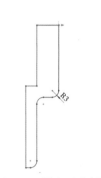

图 4-86 标注完成　　　　图 4-87 "绘制圆角"属性对话框　　　　图 4-88 圆角示意图

3. 拉伸

单击"特征"→单击"拉伸凸台/基体"弹出拉伸对话框,如图 4-89 所示→在尺寸框里输入手指宽度"15"→按"回车"完成拉伸,如图 4-90 所示。

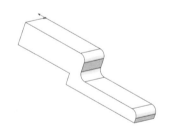

图 4-89 拉伸对话框　　　　　　　　图 4-90 手指模型

4. 圆孔草图绘制

(1)草绘界面。按住滚轮不放拖动鼠标将模型旋转到合适位置→单击圆孔平面→单击右键→单击 "草图绘制",如图 4-91 所示→单击键盘空格弹出方向选择框,如图 4-92 所示→单击 "正视于"摆正界面,如图 4-93 所示。

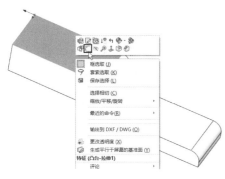

图 4-91　单击"草图绘制"　　　　图 4-92　方向　　　　图 4-93　摆正界面

（2）绘制圆。单击草图面板中的 ⊙ （圆）绘制圆→在基准面上单击一点确定圆心→拖动鼠标即可生成圆形预览→在尺寸框里输入"5"，如图 4-94 所示→按"回车"完成第一个圆绘制→在圆下方单击另一点确定圆心→拖动鼠标即可生成圆形预览→在尺寸框里输入"5"，如图 4-95 所示→按"回车"完成第二个圆绘制。

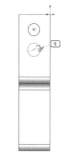

图 4-94　绘制圆 1　　　　图 4-95　绘制圆 2

（3）孔距标注。

单击"智能尺寸"→单击第一个圆→单击第二个圆弹出距离尺寸线→水平方向拖动尺寸线到合适位置→单击弹出修改对话框，如图 4-96 所示→在框里输入距离"7"→按"回车"完成孔距标注。

单击一个圆→单击边 1 弹出距离尺寸线→水平方向拖动尺寸线到合适位置→单击弹出修改对话框，如图 4-97 所示→在框里输入距离"6"→按"回车"完成孔与边的距离标注。

单击一个圆→单击边 2 弹出距离尺寸线→竖直方向拖动尺寸线到合适位置→单击弹出修改对话框，如图 4-98 所示→在框里输入距离"7.5"→按"回车"完成孔与边的距离标注。

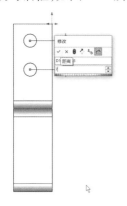
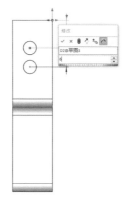
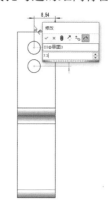

图 4-96　孔距标注　　　　图 4-97　孔距标注　　　　图 4-98　孔距标注

5. 拉伸切除

单击"特征"→单击"拉伸切除"弹出属性对话框,如图4-99所示→在尺寸框里输入深度值"20"(深度值需大于厚度才能完全切除)→按"回车"完成拉伸切除,如图4-100所示。

图4-99 "切除-拉伸"属性对话框   图4-100 拉伸切除完成

6. 槽口草图绘制

(1)草绘界面。按住滚轮不放拖动鼠标把模型旋转到合适位置→单击槽平面→单击右键→单击 "草图绘制",如图4-101所示→单击键盘空格弹出方向选择框→单击 "正视于"摆正界面,如图4-102所示。

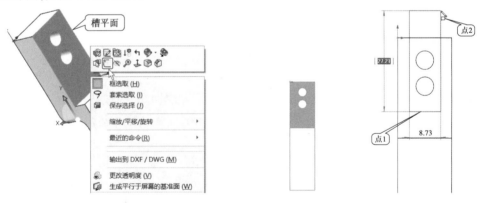

图4-101 "草图绘制"命令   图4-102 摆正视图   图4-103 绘制矩形

(2)绘制槽。单击 "边角矩形"→单击点1→拖动鼠标生成矩形预览→单击点2完成矩形绘制,如图4-103所示。

(3)槽口标注。

单击 "智能尺寸"→单击直线1弹出尺寸线→单击弹出修改对话框,如图4-104所示→在框里输入宽度"8.5"→按"回车"完成槽宽标注。

单击直线1→单击直线2→拖动鼠标→在合适位置单击弹出修改对话框,如图4-105所示→在框里输入尺寸"17"→按"回车"完成槽长度标注。

单击直线3→单击直线4→拖动鼠标→在合适位置单击弹出修改对话框,如图4-106所示→在框里输入尺寸"3.25"→按"回车"完成槽位置标注。

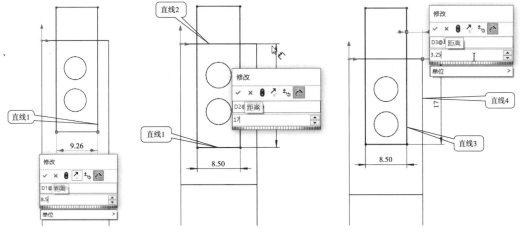

图 4-104　槽宽标注　　　　图 4-105　槽长标注　　　　图 4-106　槽边距离标注

7. 槽口拉伸切除

单击"特征"→单击"拉伸切除"弹出切除对话框→在尺寸框里输入深度"2"→按"回车"完成拉伸切除,手指建模完成,如图 4-107 所示。

8. 保存文件

单击菜单栏中的"文件"→单击"保存"命令或者按快捷键 Ctrl + S 弹出保存对话框→选择或新建文件夹及保存路径→自定义文件名"手指"→保存类型为默认"零件"格式。

(三)夹爪工装装配

(1)气缸示意图,如图 4-108 所示。

夹爪工装装配

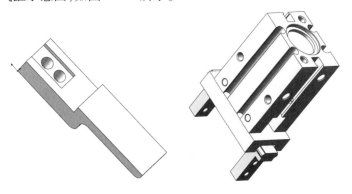

图 4-107　手指 3D 图　　　　图 4-108　气动手指

(2)新建装配文件。

单击"快速访问"工具栏中的 🖹·(新建)按钮,或者单击菜单栏中的"文件"→单击"新建",也可以用快捷方式 Ctrl + N 执行→弹出"新建 SOLIDWORKS 文件"对话框,→双击 🎮 "装配体",如图 4-109 所示,进入装配界面,如图 4-110 所示。

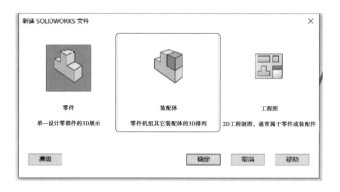

图 4-109 装配体模式

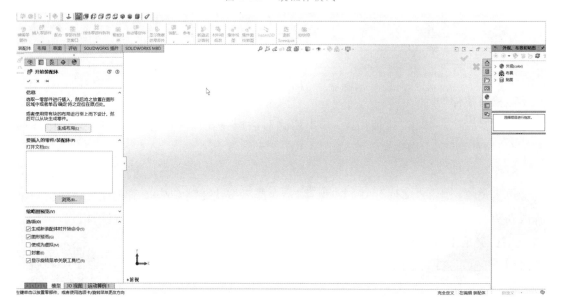

图 4-110 装配体界面

图 4-111 插入零部件对话框

（3）装配。

①插入夹爪连接板模型：单击开始装配体对话框里的"浏览"，如图 4-111 所示→打开零部件文件夹→双击"夹爪连接板.SLDPRT"，出现夹爪连接板模型→移动鼠标，把模型放在界面中间位置→单击完成模型插入，如图 4-112 所示。

②插入气缸模型：单击"插入零部件"进入插入零部件对话框，如图 4-111 所示→单击开始装配体对话框里的"浏览"→打开零部件文件夹→双击"HFZ16.SLDPRT"用户界面出现气缸模型→移动鼠标把模型放在合适位置→单击完成气缸模型插入，如图 4-113 所示。

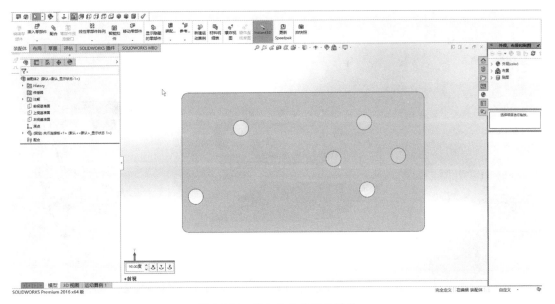

图 4-112 插入夹爪连接板模型

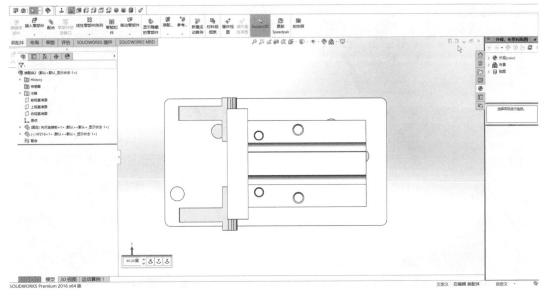

图 4-113 插入手指模型

③夹爪连接板与气缸定位面配合：单击"配合"进入配合对话框，如图 4-114 所示→单击选择面 1→单击选择面 2，(按住鼠标中间不放，可旋转视图界面，方便选择面)如图 4-115 所示→软件自动判断为重合配合→按"回车"完成配合，如图 4-116 所示。

④夹爪连接板与气缸定位孔配合：单击"配合"进入配合对话框→单击选择孔 1→单击选择孔 2，如图 4-117 所示→软件自动判断为重合配合→按"回车"完成配合，如图 4-118 所示。

⑤夹爪连接板与气缸方向配合：单击"配合"进入配合对话框→单击选择面 3→单击选择面 4，→软件自动判断为平行配合(此时平行配合存在两个解，如果方向不对，可通过配合对齐的同向对齐与反向对齐调整，如图 4-119 所示)→按"回车"完成配合，如图 4-120 所示。

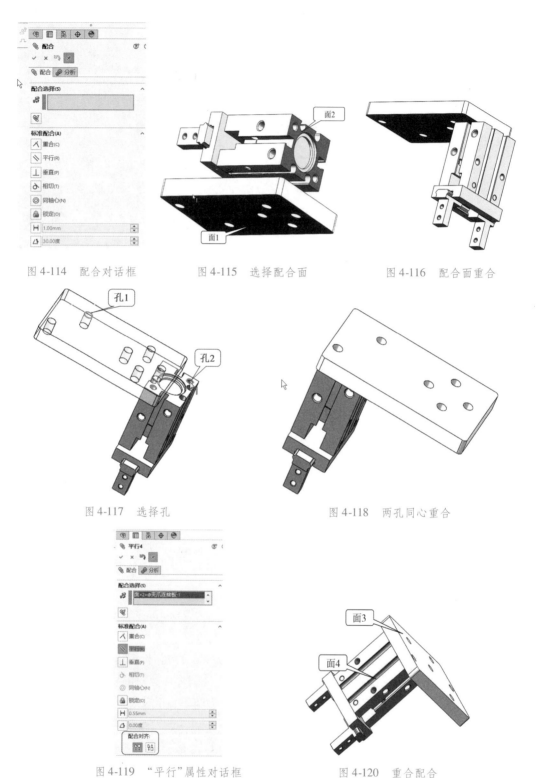

图 4-114　配合对话框　　　　图 4-115　选择配合面　　　　图 4-116　配合面重合

图 4-117　选择孔　　　　　　　　　　图 4-118　两孔同心重合

图 4-119　"平行"属性对话框　　　　　图 4-120　重合配合

⑥插入手指模型：单击"插入零部件"进入插入零部件对话框→单击开始装配体对话框里的"浏览"→打开零部件文件夹→双击"手指.SLDPRT"出现手指模型→移动鼠标把模型放在合适位置→单击完成手指模型插入，如图 4-121 所示。

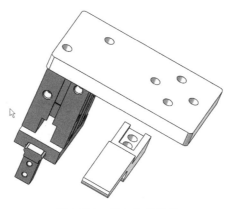

图 4-121 插入手指模型

⑦气缸与手指定位面配合:单击"配合"进入配合对话框→单击选择面 3→单击选择面 4,如图 4-122 所示→软件自动判断为重合配合→单击配合对齐 "反向对齐"(重合存在两个解,如果方向不对,可通过配合对齐的同向对齐与反向对齐调整),如图 4-123 所示→按"回车"完成配合,如图 4-124 所示。

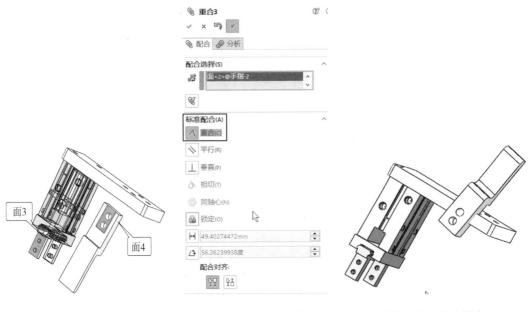

图 4-122 选择配合面   图 4-123 配合对话框   图 4-124 重合配合

⑧气缸与手指定位孔配合:单击"配合"进入配合对话框→单击选择孔 3→单击选择孔 4,如图 4-125 所示→软件自动判断为重合配合→按"回车"完成配合,如图 4-126 所示。

⑨气缸与手指定方向配合:单击"配合"进入配合对话框→单击选择面 5→单击选择面 6,如图 4-127 所示→软件自动判断为平行配合→单击配合对齐 "反向对齐"(此时平行配合存在两个解,如果方向不对,可通过配合对齐的同向对齐与反向对齐调整)→按"回车"完成配合,如图 4-128 所示。

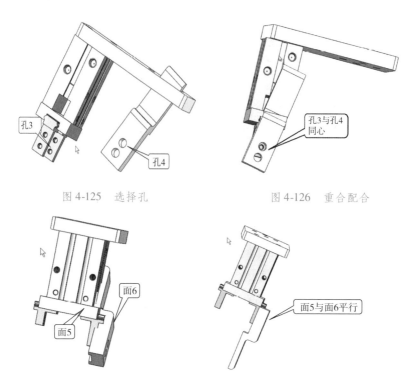

图 4-125　选择孔　　　　　　　　　　图 4-126　重合配合

图 4-127　选择面　　　　　　　　　　图 4-128　平行配合

⑩构造参考基准面：单击 "参考几何体"→单击 "基准面"，如图 4-129 所示，弹出基准面对话框，如图 4-130 所示→单击第一参考特征选择框→单击选择夹爪连接板左侧面，如图 4-131 所示→单击第二参考特征选择框→单击选择夹爪连接板右侧面即可生成基准面预览→单击 "确定"完成基准面构造。

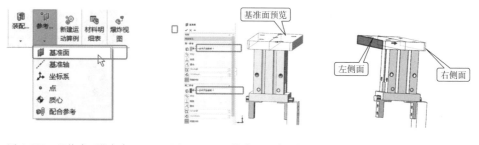

图 4-129　"基准面"命令　　　　图 4-130　"基准面"对话框　　　　图 4-131　参考面选择

⑪镜像手指：单击 "线性零部件阵列"的 下拉键→单击 "镜像零部件"，如图 4-132 所示→弹出镜像零部件对话框，如图 4-133 所示→单击 "设计树"→单击选择设计树下的 "基准面 1"作为镜像基准面→单击选择设计树下的 "手指"特征作为要镜像的零部件→单击 "确定"完成手指镜像，如图 4-134 所示。

（四）文件保存

（1）保存夹爪装配体：单击菜单栏中的 "文件"→单击 "保存"→选择保存文件路径→自定义文件名 "夹爪"→保存类型为默认 "装配体"格式，如图 4-135 所示→按 "回车"保存文件。

 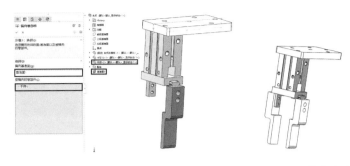

图 4-132 "镜像零部件"命令　　图 4-133 "镜像零部件"对话框　　图 4-134 镜像完成

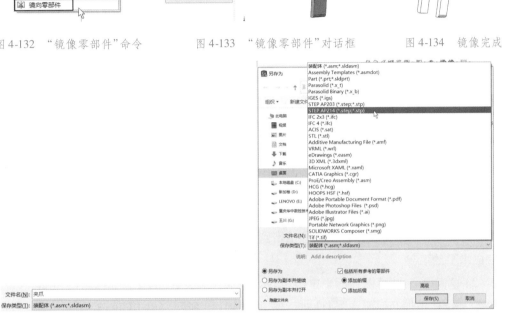

图 4-135 文件保存对话框　　　　图 4-136 文件格式对话框

（2）格式转换：单击菜单栏中的"文件"→单击"另存为"→选择保存文件路径→自定义文件名"夹爪"→单击保存类型弹出保存格式选择框→单击选择"STEP"格式，如图 4-136 所示→按"回车"保存文件。

▶任务评价

任务名称							
姓名		小组成员					
指导教师		完成时间			完成地点		
评价内容		自我评价			教师评价		
		掌握	知道	再学	优	良	合格	不合格
夹爪连接板建模							
手指建模							
夹爪工装装配							
保存文件							

续表

评价内容	自我评价			教师评价			
	掌握	知道	再学	优	良	合格	不合格
工装整洁,工位干净;遵守纪律,爱护设备;全程操作规范,符合安全文明生产要求							

▶任务拓展

几何约束

除了使用尺寸标注控制位置关系,还可以用几何关系约束的方式对两个或多个点进行水平和竖直方向的调整,实体多选或者少选都可能引起约束失败,对同一个部位尺寸控制和几何约束只能选择一种方式,否则可能会过定义。

(1)水平约束:在草图界面中单击"显示/添加几何关系"的 ▾ 下拉键 ,如图 4-137 所示→单击⅃。"添加几何关系"弹出"添加几何关系"属性对话框,如图 4-138 所示→单击圆心 1,如图 4-139 所示→单击坐标系原点→单击圆心 2→单击添加几何关系下的—"水平"→单击 ✔完成水平约束。

(2)竖直约束:在草图界面中单击"显示/添加几何关系"的 ▾ 下拉键→单击⅃。"添加几何关系"弹出"添加几何关系"属性对话框,如图 4-140 所示→单击圆心 3,如图 4-141 所示→单击坐标系原点→单击圆心 4→单击添加几何关系下的l"竖直"→单击 ✔完成竖直约束。

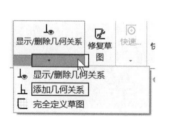

图 4-137　单击下拉键　　　　图 4-138　"添加几何关系"
　　　　　　　　　　　　　　　　　属性对话框

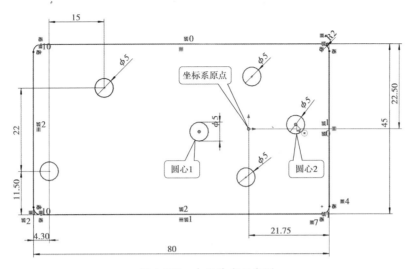

图 4-139　水平约束示意图

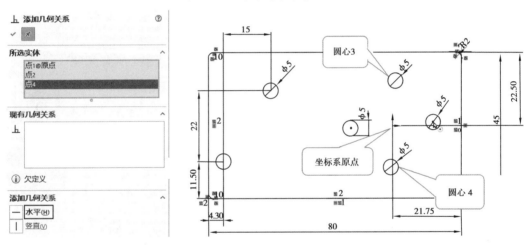

图 4-140　"添加几何关系"属性对话框　　　　图 4-141　竖直约束示意图

任务三　利用 SOLIDWORKS 软件给吸盘工具创建 3D 模型

▶任务描述

　　本任务对吸盘工具实物进行测量与分解得出装配图,介绍 SOLIDWORKS 软件建模功能,并用此软件完成吸盘工具的 3D 模型创建。

▶相关知识

　　吸盘原理

　　真空吸盘是真空吸附装置的执行元件,可将真空能量转换为机械能。真空吸盘设计的合理程度直接影响真空吸附装置的性能。根据不同的应用,真空吸盘的有效选择和设计是成功应用真空吸附技术的关键之一。真空吸收技术是以大气压力为基础的。一定量的气体分子通过真空源从真空源中提取,以减少压力,减少了吸盘内、外的压力差。在压力差的

105

压力下,将吸盘压在工件上,使工件被吸住,吸盘工装实物图如图 4-142 所示。吸盘工装装配线如图 4-143 所示。

图 4-142　吸盘工装实物图　　　　　　图 4-143　吸盘工装装配体

▶任务实施

一、任务流程

吸盘连接板建模→吸盘 1 建模→吸盘 2 建模→装配吸盘夹具→保存文件

二、具体操作

(一)吸盘连接板建模

1.吸盘连接板测绘

利用游标卡尺对手指进行测量并绘制零件图,本任务之前已经测绘完成,如图 4-144 所示。

吸盘连接板建模

2.吸盘连接板草图绘制

(1)进入草图绘制界面:进入 SOLIDWORKS 2016 用户界面→单击选择 ⌐"草图绘制"→单击选择 ●"设计树"→单击选择 ▥"前视基准面"进入草图绘制界面。

(2)绘制矩形:在草图绘制状态下单击选择 □"边角矩形"→在草图绘制界面单击选择矩形左上→拖动鼠标产生实时预览→单击选择矩形右下点,完成后单击 ✔"关闭对话框"退出矩形绘制。

(3)原点位置标注:

单击 ⟋"智能尺寸"→单击选择坐标原点→单击选择边 1 弹出尺寸线→移动鼠标把尺寸线移到合适位置→单击弹出修改对话框→在对话框里输入距离"24"→单击 ✔"保存"或按"回车"完成原点到边 1 的距离标注,如图 4-145 所示。

单击选择坐标原点→单击边 2 弹出尺寸线→移动鼠标把尺寸线移到合适位置→单击弹出修改对话框→在对话框里输入距离"24.5"→按"回车"完成原点到边 2 的距离标注,如图 4-146 所示。

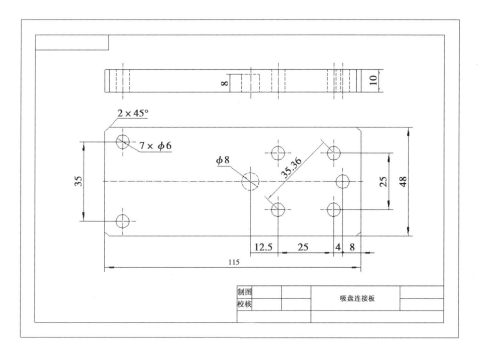

图 4-144 吸盘连接板零件图

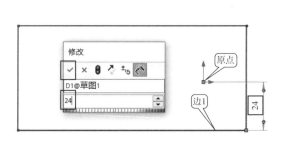

图 4-145 位置标注

图 4-146 位置标注

（4）边长标注：

单击选择边 1 弹出尺寸线→移动鼠标把尺寸线拖到合适位置→单击弹出修改对话框→在修改对话框里输入长度"115"→按"回车"完成边 1 标注，如图 4-147 所示。

单击选择边 2 弹出尺寸线→移动鼠标把尺寸线移到合适位置→单击弹出修改对话框→在修改对话框里输入宽度"48"→按"回车"完成边 2 标注，如图 4-148 所示→单击 ✓ "关闭对话框"退出标注。

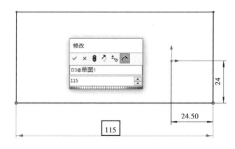

图 4-147 长度标注

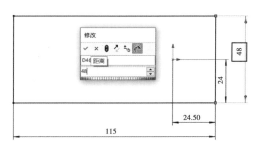

图 4-148 宽度标注

（5）绘制倒角：单击"绘制圆角"下拉图标弹出下拉菜单，如图 4-149 所示→单击 "绘制倒角"弹出"绘制倒角"属性管理器，如图 4-150 所示→在倒角参数栏里输入倒角尺寸"2" →鼠标单击矩形 4 个尖角点即可生成预览圆角（黄色线为圆角预览）→按"回车"完成倒角的绘制。

图 4-149　"绘制倒角"命令　　　　　　-150　"绘制倒角"属性管理器

（6）绘制圆：单击草图面板中的 ⊙（圆）按钮绘制圆→在矩形框内单击一点确定圆心，如图 4-151 所示→拖动鼠标即可生成圆形预览→在尺寸框里输入"6"→按"回车"确定完成第一个圆绘制 ，根据吸盘连接板零件图利用绘制圆功能绘制完成 7-φ6 孔，完成示意图如4-152 所示。

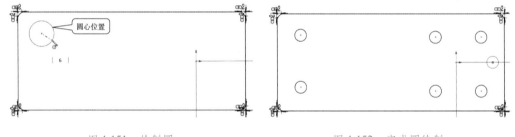

图 4-151　绘制圆　　　　　　　　　图 4-152　完成圆绘制

（7）圆直径标注：单击"智能尺寸"→单击圆弹出尺寸线→鼠标拖动到合适位置单击弹出尺寸修改对话框→在对话框里输入"6"→按"回车"完成圆直径标注→用同样的标注方法完成 7-φ6 孔直径标注，如图 4-153 所示。

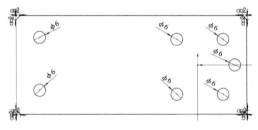

图 4-153　圆直径标注

（8）圆位置（孔距）标注：单击"智能尺寸"→单击圆 1→单击圆 2 弹出距离尺寸线→沿水平方向拖动鼠标→在合适位置单击弹出修改对话框→在框里输入距离"35"→按"回车"确定完成距离标注，如图4-154所示。

单击圆 1→单击边 1 弹出尺寸线→沿水平方向拖动鼠标→在合适位置单击弹出修改对话框→在框里输入距离"6.5"→按"回车"完成距离标注，如图 4-155 所示。

单击圆 2→单击短边弹出尺寸线→竖直方向拖动鼠标→在合适位置单击弹出修改对话框→在框里输入距离"8"→按"回车"完成距离标注,如图 4-156 所示。

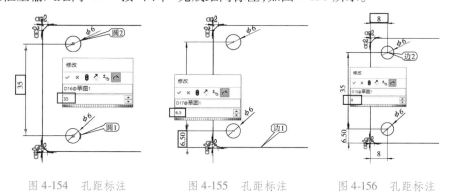

图 4-154　孔距标注　　　　图 4-155　孔距标注　　　　图 4-156　孔距标注

用尺寸标注方法分别对如图 4-157 所示 1#~10#尺寸进行标注。

3. 吸盘连接板拉伸

在草图状态下单击"特征"→单击"拉伸凸台/基体"弹出拉伸对话框→在尺寸框里输入连接板厚度"10"→单击 "方向"切换拉伸方向→按"回车"完成拉伸如图 4-158 所示。

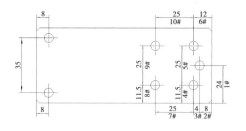

图 4-157　吸盘连接板零件图

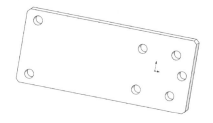

图 4-158　吸盘连接板拉伸

4. 吸盘连接板沉孔草图绘制

(1)草绘界面:按住滚轮不放拖动鼠标把模型旋转到合适位置→单击沉孔平面,如图 4-159 所示→单击右键→单击 "草图绘制"→单击"空格"弹出方向选择框→单击 "正视于"摆正界面,如图 4-160 所示。

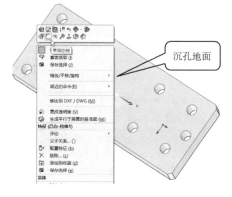

图 4-159　选择沉孔平面

图 4-160　摆正视图

(2)绘制圆:单击草图面板中的 (圆)按钮绘制圆→在矩形框内单击一点确定圆心→

拖动鼠标即可生成圆形预览→在尺寸框里输入"8",如图4-161所示→按"回车"确定完成圆绘制。

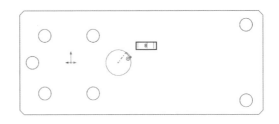

图4-161　绘制圆

（3）圆位置标注：单击 "智能尺寸"→单击圆1→单击圆3弹出距离尺寸线→水平方向拖动鼠标→在合适位置单击弹出修改对话框→在框里输入距离"12.5"→按"回车"确定完成距离标注→单击圆1→单击圆2弹出距离尺寸线→竖直方向拖动鼠标→在合适位置单击弹出修改对话框→在框里输入距离"12.5"→按"回车"确定完成距离标注,如图4-162所示。

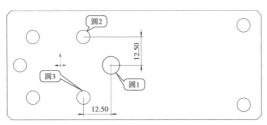

图4-162　孔距标注

5. 沉拉伸切除

单击"特征"→单击"拉伸切除"弹出切除对话框→在尺寸框里输入深度"8"→按"回车"完成拉伸切除,吸盘连接板建模完成,如图4-163所示。

6. 保存文件

单击菜单栏中的"文件"→单击"保存"命令弹出保存对话框→选择文件保存路径→自定义文件名"吸盘连接板"→保存类型为默认"零件"格式→按"回车"完成保存。

（二）吸盘1建模

吸盘1建模

旋转特征是由特征截面绕中心线旋转而成的一类特征,它适于构造回转零件,主要应用于环形零件、球形零件、轴类零件等,吸盘的结构类似于轴类零件,所以吸盘1和吸盘2均用"旋转凸台/基体"命令进行建模。

1. 吸盘1测绘

利用游标卡尺对手指进行测量并绘制零件图,本任务之前已经测绘完成,如图4-164所示。

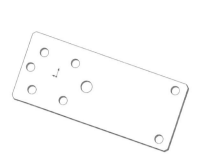

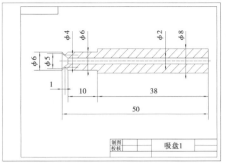

图 4-163　拉伸切除　　　　　　　　　图 4-164　吸盘 1 零件图

2. 吸盘 1 草图绘制

（1）进入草图绘制界面：打开 SOLIDWORKS 2016 软件→单击菜单栏中的"文件"→单击"新建"→双击 🗔 "零件"进入用户界面→单击"草图"→单击 └ "草图绘制"→单击 🔩 "设计树"→🔲 上视基准面 "上基准面"进入草图绘制界面。

（2）绘制中心线：在草图绘制状态下单击直线 ┼ →单击 ╱ 中心线(N)，如图 4-165 所示→单击选择原点→沿竖直方向拖动鼠标，当软件识别到中心竖直时出现 ▮ "竖直"图标，→单击选择第二点→按 Esc 键完成并退出直线绘制，如图 4-166 所示。

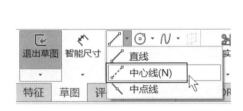

图 4-165　中心线命令　　　　　　　　图 4-166　中心线

（3）绘制旋转截面直线：在草图绘制环境下单击 ╱ "直线"→单击第一点→拖动鼠标生成水平直线预览，输入长度"3"，如图 4-167 所示→按"回车"完成直线绘制→拖动鼠标生成竖直直线预览，输入长度"38"，如图 4-168 所示→按"回车"完成直线绘制→拖动鼠标生成水平直线预览，输入长度"1"，如图 4-169 所示→按"回车"完成直线绘制→拖动鼠标生成竖直直线预览，输入长度"10"，如图 4-170 所示→按"回车"完成直线绘制→拖动鼠标生成斜线预览，输入长度"1"，如图 4-171 所示→按"回车"完成斜线绘制→拖动鼠标生成斜线预览，输入长度"1"，如图 4-172 所示→按"回车"完成斜线绘制→拖动鼠标生成水平直线预览，输入长度 0.5，如图 4-173 所示→按"回车"完成直线绘制→拖动鼠标生成斜线预览，输入长度"2.5"，如图 4-174 所示→按"回车"完成斜线绘制→单击起点→按"回车"完成旋转截面草图绘制，如图 4-175 所示。

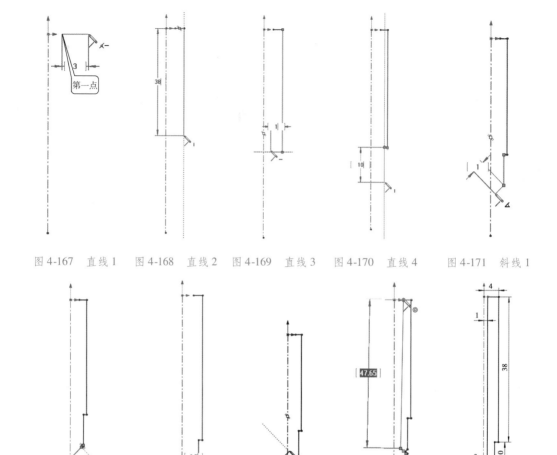

图 4-167 直线 1　图 4-168 直线 2　图 4-169 直线 3　图 4-170 直线 4　图 4-171 斜线 1

图 4-172 斜线 2　图 4-173 直线 5　图 4-174 斜线 3　图 4-175 直线 6　图 4-176 尺寸标注

（4）旋转截面草图标注：按照图 4-176 所示对尺寸进行标注。

3. 旋转

单击"特征"→单击 "旋转凸台/基体"进入旋转对话框→旋转轴选择中心线生成旋转预览，如图 4-177 所示→按"回车"完成吸盘 1 建模。

4. 保存文件

单击菜单栏中的"文件"→单击"保存"命令弹出保存对话框→选择文件保存路径→自定义文件名"吸盘 1"→保存类型为默认"零件"格式→按"回车"完成保存。

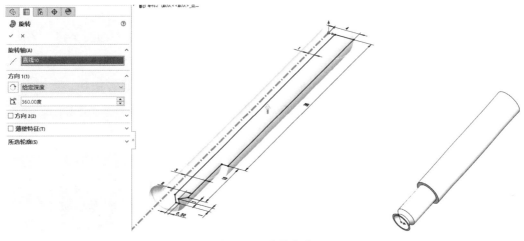

图 4-177 旋转拉伸

（三）吸盘 2 建模

1. 吸盘 2 测绘

利用游标卡尺对手指进行测量并绘制零件图,本任务之前已经测绘完成,如图 4-178 所示。

吸盘2建模

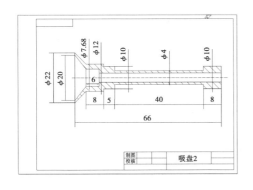

图 4-178 吸盘 2 零件图

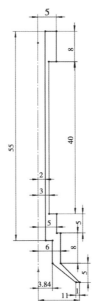

图 4-179 完成旋转截面绘制

2. 吸盘 2 草图绘制

（1）进入草图绘制界面:打开 SOLIDWORKS 2016 软件→单击菜单栏中的"文件"→ 单击"新建"→双击 "零件"进入用户界面→单击"草图"→单击 ⊏ "草图绘制"→单击 "设计树"→ 上视基准面 "上基准面"进入草图绘制界面。

（2）绘制中心线:在草图绘制状态下单击直线 →单击 中心线(N)→单击选择原点→竖直方向拖动鼠标,当软件识别到中心竖直时出现 "竖直"图标,→单击选择第二点→按"Esc"

键完成并退出直线绘制。

（3）绘制旋转截面和标注：根据吸盘2零件图绘制吸盘2旋转截面，如图4-179所示。

3.旋转

单击"特征"→单击 "旋转凸台/基体"进入旋转对话框→旋转轴选择中心线生成旋转预览，如图4-180所示→按"回车"完成吸盘2建模。

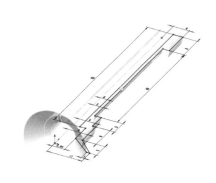

图4-180　旋转拉伸

4.保存文件

单击菜单栏中的"文件"→单击"保存"命令弹出保存对话框→选择文件保存路径→自定义文件名"吸盘2"→保存类型为默认"零件"格式→按"回车"完成保存。

（四）装配吸盘夹具

1.新建装配文件

单击"快速访问"工具栏中的 ·（新建）按钮，或者单击菜单栏中的"文件"→ 单击"新建"→弹出"新建SOLIDWORKS文件"对话框，→双击 "装配体"进入装配界面。

吸盘工装

2.装配

（1）插入吸盘连接板模型：单击开始装配体对话框里的"浏览"→打开零部件文件夹→双击"吸盘连接板.SLDPRT"出现吸盘连接板模型→移动鼠标把模型放在界面合适位置→单击完成模型插入，如图4-181所示。

（2）插入吸盘1模型：单击"插入零部件"进入插入零部件对话框，→单击开始装配体对话框里的"浏览"→打开零部件文件夹→双击"吸盘1.SLDPRT"出现吸盘1模型→移动鼠标把模型放在合适位置→单击完成吸盘1模型插入，如图4-182所示。

（3）吸盘连接板与吸盘1配合：单击"配合"进入配合对话框→单击吸盘连接板沉孔底面→单击选择吸盘1顶面，→软件自动判断为重合配合→单击 "反向"反向对齐→按"回车"完成重合配合，如图4-183所示→单击吸盘连接板沉孔圆柱面→单击选择吸盘1圆柱面，→软件自动判断为同心配合→按"回车"完成同心配合，如图4-184所示。

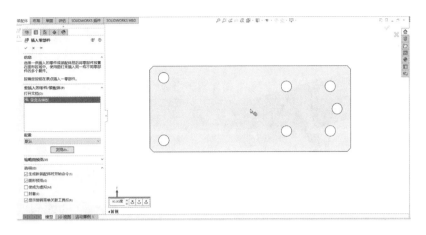

图 4-181　插入吸盘连接板

图 4-182　插入吸盘 1

（4）插入吸盘 2 模型：单击"插入零部件"进入插入零部件对话框→单击开始装配体对话框里的"浏览"→打开零部件文件夹→双击"吸盘 2. SLDPRT"出现吸盘 2 模型→移动鼠标把模型放在合适位置→单击完成吸盘 2 模型插入→利用相同的方法再插入一次吸盘 2，如图 4-185 所示。

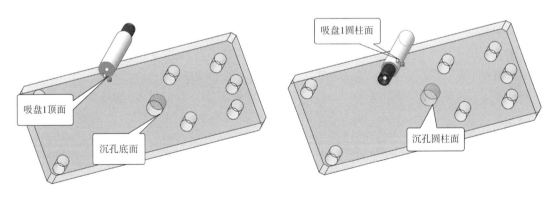

图 4-183　面与面配合　　　　　　　　　图 4-184　轴线与轴线配合

（5）吸盘连接板与吸盘 2 配合：单击"配合"进入配合对话框→单击吸盘连接板表面→单击选择吸盘 2 台阶面，如图 4-186 所示→软件自动判断为重合配合→单击"反向"反向对齐→按"回车"完成重合配合→单击吸盘连接板安装孔内圆柱面→单击选择吸盘 2 外圆柱面，如图 4-187 所示→软件自动判断为同心配合→按"回车"完成同心配合，如图 4-188所示。

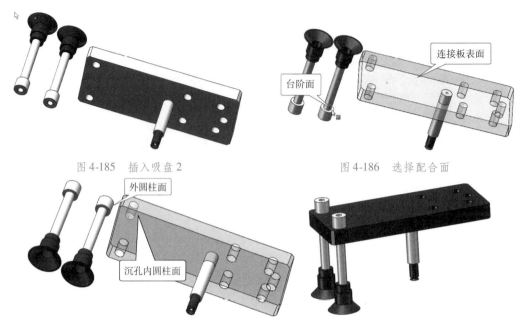

图 4-185 插入吸盘 2　　　　　　　　　图 4-186 选择配合面

图 4-187 选择圆柱面　　　　　　　　　图 4-188 吸盘工装完成配合

（五）文件保存

1. 保存吸盘工装装配体

单击菜单栏中的"文件"→单击"保存"→选择保存文件路径→自定义文件名"夹爪"→保存类型为默认"装配体"格式，→按"回车"保存文件。

2. 格式转换

单击菜单栏中的"文件"→单击"另存为"→选择保存文件路径→自定义文件名"吸盘工装"→单击保存类型弹出保存格式选择框→单击选择"STEP"格式→按"回车"保存文件。

▶任务评价

任务名称							
姓名		小组成员					
指导教师		完成时间			完成地点		
评价内容	自我评价			教师评价			
	掌握	知道	再学	优	良	合格	不合格
吸盘连接板建模							
吸盘 1 建模							
吸盘 2 建模							
装配吸盘夹具							
保存文件							
工装整洁，工位干净；遵守纪律，爱护设备；全程操作规范，符合安全文明生产要求							

▶任务拓展

外观颜色(以吸盘 2 为例)

打开 SOLIDWORKS 2016 软件→单击菜单栏中的"文件"→单击 "打开"→找到模型所在位置,双击文件打开模型→右键单击设计树下的"吸盘 2"→单击 "外观"→单击"吸盘 2",如图 4-189 所示→弹出"颜色"对话框→单击选择颜色→选择红色→按"回车"完成,如图 4-190 所示。

图 4-189　选择吸盘 2

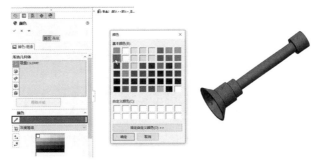

图 4-190　"颜色"对话框

▶项目练习

1. 练习用 RobotStudio 软件创建如图 4-191 所示的胶笔工具。

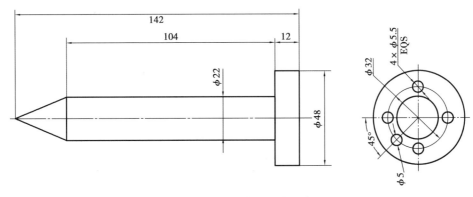

图 4-191　胶笔工具的尺寸

2. 练习用 Solidworks 软件创建如图 4-192 所示的夹爪工具。

GONGYE JIQIREN FANGZHEN YU LIXIAN BIANCHENG

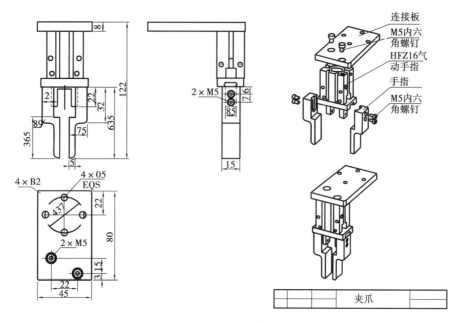

图 4-192　夹爪工具的尺寸

3. 练习用 Solidworks 软件创建如图 4-193 所示的吸盘工具。

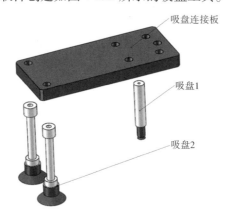

图 4-193　吸盘工具

项目五　涂胶工作站离线编程与仿真

▶项目描述

　　工业机器人涂胶工作站是一种智能化设备,是机器人最常见的应用系统,主要包括工业机器人、供胶系统、涂胶工作台、控制系统及周边配套设备等。它的出现替代了由工人手工涂胶的生产工艺,可降低成本,提高生产效率,使涂胶胶条的质量和外观更好,是现代工业化生产必不可少的自动化设备。具有涂胶精度高,产品质量稳定,且节省人力,节省材料,降低生产成本,改善作业环境,符合环保要求等优势。本项目主要介绍在 RobotStudio 软件上构建涂胶运动轨迹虚拟工作站,并为涂胶轨迹工作站设置工业机器人的工具和工件坐标,为工作站创建涂胶运动轨迹程序,对生成的轨迹进行优化、调整轴配置参数、碰撞监控等,最后对工作站轨迹的运行过程进行仿真、录像、生成文件导出播放。

▶学习目标

知识目标

　　了解工业机器人涂胶工作站;

　　掌握工业机器人的坐标系;

　　掌握机器人的目标点和路径;

　　了解机器人虚拟工作站仿真运行的碰撞监控原理。

技能目标

　　能创建胶笔工具和涂胶虚拟工作站;

　　能定义机器人虚拟工作站的工具坐标和工件坐标;

　　能创建涂胶运动轨迹程序;

　　能仿真运行涂胶虚拟工作站;

　　能监控涂胶虚拟工作站的仿真运行过程;

　　能记录涂胶虚拟工作站的仿真运行过程。

任务一　创建虚拟涂胶工作站

▶任务描述

　　参考实际生产中的工作场景构建虚拟涂胶工作站,创建涂胶笔工具,导入工业机器人控制柜模型、工作站外围模型、涂胶轨迹工件模型和工件固定装置模型,完成胶笔工具的安装和工件模型的装配等。

▶相关知识

一、工业机器人的 TCP

工业机器人的工具作业点又称为工具控制点(Tool Control Point,TCP)或工具中心点(Tool Center Point,TCP),它是机器人移动指令的控制对象,指令中的起点和终点就是 TCP 在指定坐标系上的位置值,TCP 的位置与工具形状、安装方式有关。当机器人重定位运动时,TCP 的位置不变,机器人的工具沿坐标轴转动且改变姿态;当机器人线性运动时,机器人的工具姿态不变,TCP 沿坐标轴的 X、Y、Z 方向线性移动。工业机器人程序编辑支持多个 TCP,工具更换后只需重新定义 TCP,可以不更改程序,TCP 根据当前工作状态变换,直接运行程序即可。

二、工业机器人的位姿

机器人和工具在三维空间中的位置和姿态简称位姿,要确定一个物体在空间的位姿,须在物体上固连一个坐标系,然后描述该坐标系的原点位置和它三个轴的姿态,总共需要六个自由度或六条信息来完整地定义该物体的位姿。机器人和工具的姿态可在位置型程序数据中定义,以三维笛卡尔直角坐标系形式描述工具 TCP 位置和姿态的程序数据称为 TCP 位置数据 robtarget,如图 5-1 所示,包含 XYZ 坐标、工具姿态、机器人姿态等。

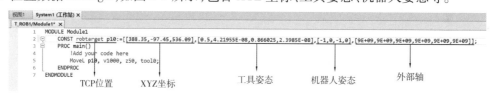

图 5-1 TCP 位置数据

▶任务实施

一、任务流程

导入涂胶笔工具模型→创建胶笔工具→导入虚拟涂胶工作站模型。

二、具体操作

1. 导入涂胶笔工具模型

涂胶工具模型使用项目四任务一里创建的胶笔模型。

单击"基本"→单击"导入模型库"→单击"浏览库文件",如图 5-2 所示→找到项目四任务一里创建的胶笔模型→单击"打开",如图 5-3 所示→单击导入成功的"胶笔模型"→在"胶笔模型"上单击鼠标右键→在出现的下拉菜单中单击"断开与库的连接",如图 5-4 所示。

创建胶笔工具

2. 创建涂胶笔工具

(1)调出创建工具向导:单击"建模"→单击"创建工具"启动创建工具的向导,如图 5-5 所示,可根据向导指定工具的质量、重心和 TCP 等参数。

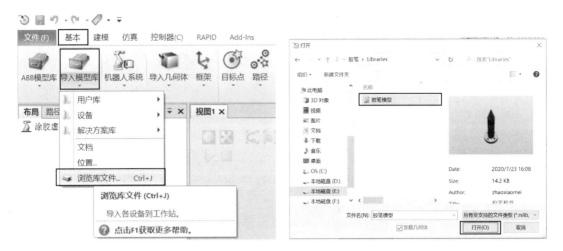

图 5-2　浏览库文件　　　　　　　　图 5-3　打开胶笔模型

图 5-4　断开胶笔工具与库的连接

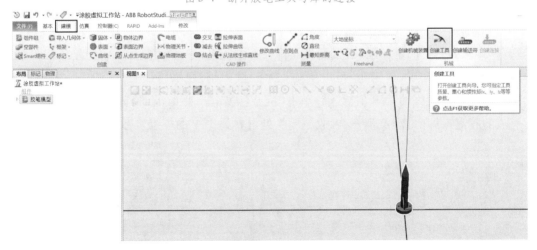

图 5-5　创建工具向导

（2）设置工具信息：Tool 名称，输入"jiaobitool"→选择组件，选中"使用已有的部件"，在下拉菜单中选择"胶笔模型"→设置重量、重心，如图 5-6 所示→单击"下一个"。

121

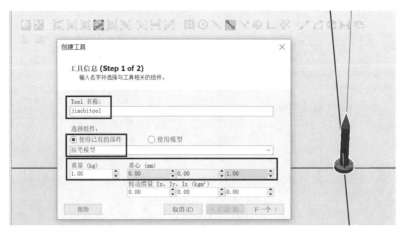

图 5-6　设置工具信息

图 5-7　设置 TCP 信息

（3）设置 jiaobitool 工具的 TCP 信息：单击视图界面顶部的快捷键"选择部件"和"捕捉末端"→单击位置下的坐标框（可以看见光标在框内闪烁）→移动鼠标到胶笔笔尖点处（在末端出现一个小圆球）单击选择→位置坐标框里 Z 值变为 154.00，如图 5-7 所示→单击" ﹣ ﹥"键将设置好的 TCP 值导入→单击"完成"，如图 5-8 所示，胶笔工具创建完成。创建完成的胶笔工具如图 5-9 所示，在胶笔笔尖处可看到 TCP 的三维坐标。

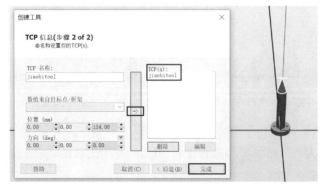

图 5-8　导入 TCP 信息

图 5-9　创建完成的胶笔工具

3.导入虚拟涂胶工作站模型

（1）导入机器人并装配工具，单击"基本"→单击"ABB 模型库"→单击"IRB1200"导入工业机器人，如图 5-10 所示→在左侧布局窗口中单击"jiao-bitool"工具模型名字→按住鼠标左键不放拖到机器人图标上放开→在弹出的对话框中选择"是"，如图 5-11 所示→胶笔工具装配成功，如图 5-12 所示。

图 5-10　导入机器人　　　　　　　　图 5-11　装配工具

（2）导入涂胶轨迹模型，单击"基本"→单击"导入模型库"→单击"设备"→单击"propeller table"导入工件固定装置，如图 5-13 所示→单击"Curve Thing"导入涂胶工件，如图5-14所示。

（3）选择装配涂胶轨迹工件的方法：两点放置法，单击要装配的涂胶轨迹工件（工件颜色变蓝）→单击鼠标右键→单击"位置"→单击"放置"→单击"两点"，如图 5-15所示。

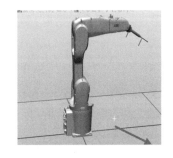

图 5-12　工具装配成功

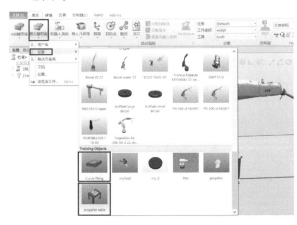

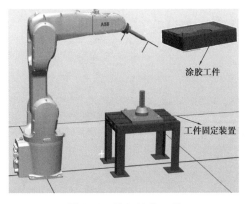

图 5-13　导入工件固定装置　　　　　　图 5-14　导入涂胶工件

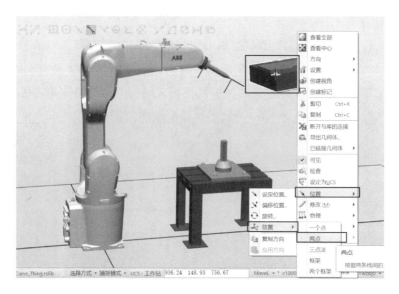

图 5-15　选择两点放置法

（4）设置放置涂胶工件时需要对齐的两点。

第一点装配坐标拾取：弹出放置单击对象对话框→视图界面中单击"选择部件"和"捕捉末端"→单击"主点－从"数字框（可以看见光标在框内闪烁）→移动鼠标到涂胶工件 1 点（在末端出现一个小圆球），单击选中→单击"主点－到"数字框→移动鼠标到工件固定装置 1 点，单击选中。

第二点装配坐标拾取：单击"X 轴上的点－从"数字框→移动鼠标到涂胶工件 2 点，单击选中→单击"X 轴上的点－到"数字框→移动鼠标到工件固定装置 2 点，单击选中，如图 5-16 所示。

两点位置设置完成后单击应用，涂胶工件装配成功，如图 5-17 所示。

说明：1 点、2 点可以选择涂胶工件和工件固定装置的其他地方，但必须是一一对应的关系，一般可选择桌角等比较好操作的地方。

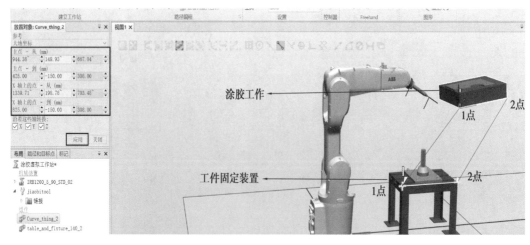

图 5-16　涂胶工件装配

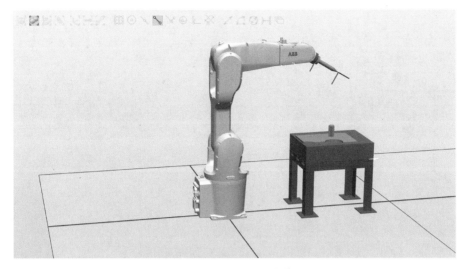

图 5-17　完成涂胶工件装配

（5）涂胶机器人及工件装配完成后，可通过显示机器人工作区域观察需要加工的工件是否装配到机器人所能到达的范围内，如果没有在机器人工作区域内请调整工件位置。左侧布局界面单击"IRB 1200"机器人型号→单击鼠标右键→单击"显示机器人工作区域"，如图 5-18 所示。

（6）导入工业机器人控制柜模型：单击"基本"→单击"导入模型库"→单击"设备"→单击"IRC5 Control-Module"，如图 5-19 所示。

（7）导入工作站外围模型：单击"导入模型库"→单击"设备"→单击"Fence 2500"→单击"Fence 740"→单击"Fence Gate"，如图 5-20 所示。虚拟涂胶工作站构建成功，如图 5-21 所示。

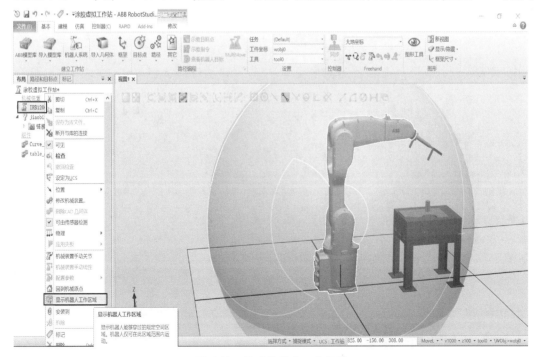

图 5-18　显示机器人工作区域

图 5-19　导入机器人控制柜

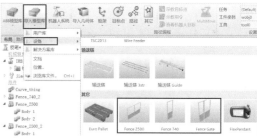

图 5-20　导入工作站外围模型

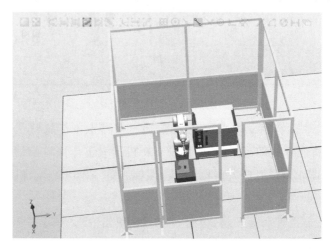

图 5-21　虚拟涂胶工作站

▶任务评价

任务名称							
姓名		小组成员					
指导教师		完成时间			完成地点		
评价内容	自我评价			教师评价			
	掌握	知道	再学	优	良	合格	不合格
导入涂胶笔工具模型							
创建胶笔工具							
导入虚拟涂胶工作站模型							
工装整洁,工位干净;遵守纪律,爱护设备;全程操作规范,符合安全文明生产要求							

▶任务拓展

Freehand 快捷操作

在 RobotStudio 仿真软件中,提供了徒手操作工作站对象的便捷操作快捷键,可以更直观、更方便地对工作站的对象进行移动、旋转、拖曳,对工业机器人进行手动关节、手动线性、手动重定位的操作,还可以同时对多个机器人进行手动操作,如图5-22所示。

图5-22　Freehand快捷键

(1)单击"大地坐标"旁边的向下箭头,如图5-23所示,选择当前坐标系,有全局坐标系、局部坐标系、UCS、当前工件坐标、当前工具坐标,用于定义对象的方向和布置。

图5-23　参考坐标系

(2)单击需要移动的对象→单击""图标→在对象上出现三维移动坐标指示,红色为X方向的移动,绿色为Y方向的移动,蓝色为Z方向的移动→移动鼠标到对象需要移动的箭头方向上按住左键不放拖动鼠标即可实现移动,同时会显示出移动对象的当前位置坐标,如图5-24所示。

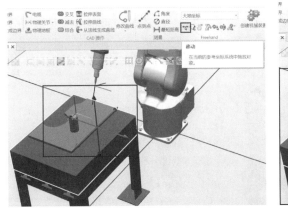

图5-24　移动对象

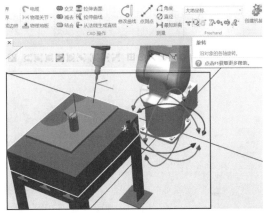

图5-25　旋转对象

(3)单击需要旋转的对象→单击"　"图标→在对象上出现三维旋转坐标指示,红色为X方向的旋转,绿色为Y方向的旋转,蓝色为Z方向的旋转→移动鼠标到对象需要旋转的箭头方向上按住左键不放拖动鼠标即可实现旋转,同时会显示出旋转对象的当前旋转角度,如图5-25所示。

(4)单击需要移动的机器人关节轴→单击"　"图标→移动鼠标到需要移动的机器人关节轴上按住左键不放拖动鼠标即可实现关节轴的移动,同时会显示出当前移动关节轴的名字及其当前的度数,如图5-26所示,该功能在项目二里用过。

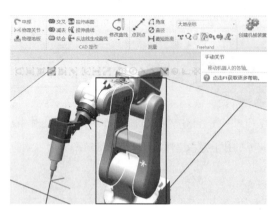
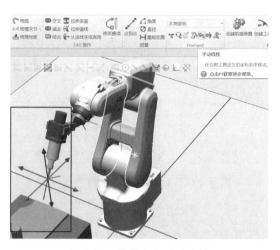

图 5-26　机器人的手动关节图　　　　　　图 5-27　机器人的手动线性

（5）单击""图标→在当前机器人 TCP 点处出现三维坐标指示,红色为 X 方向的移动,绿色为 Y 方向的移动,蓝色为 Z 方向的移动→移动鼠标到 TCP 点需要移动的箭头方向上按住左键不放拖动鼠标即可实现机器人 TCP 点的手动线性移动,同时会显示出当前位置的坐标值,如图 5-27 所示。

（6）单击"🔄"图标→在当前机器人 TCP 点处出现三维旋转坐标指示,红色为 X 方向的旋转,绿色为 Y 方向的旋转,蓝色为 Z 方向的旋转→移动鼠标到 TCP 点需要旋转的箭头方向上按住左键不放拖动鼠标即可实现机器人 TCP 点的手动重定位运动,同时会显示出当前位置的旋转值,如图 5-28 所示。

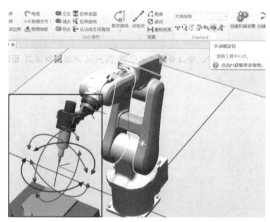

图 5-28　机器人的手动重定位

任务二　工业机器人坐标系

▶任务描述

本任务主要介绍工业机器人的坐标系和在 RobotStudio 虚拟仿真软件里设置工具坐标和工件坐标的方法。

▶相关知识

一、什么是工业机器人坐标系

坐标系是从一个固定点(称为原点),通过轴定义平面或空间。机器人的目标和位置通过沿坐标系轴的距离来定位。机器人有若干坐标系,每一坐标系都适用于特定类型的编程与控制。

二、工业机器人的常用坐标系

(1)基坐标系:位于机器人基座,它是便于机器人从一个位置移动到另一个位置的坐标系,如图 5-29 所示。

(2)大地坐标系:所有其他的坐标系均与大地坐标系直接或间接相关。它适用于微动控制、一般移动及处理具有若干机器人或外轴移动机器人的工作站和工作单元。在图5-30中,①是机器人 1 的基坐标系,②是大地坐标系,③是机器人 2 的基坐标系。默认大地坐标系与基坐标系是一致的。

(3)工件坐标系:工件坐标系与工件相关,通常是最适于对机器人进行编程的坐标系。机器人可以拥有若干工件坐标系,或者表示不同工件,或者表示同一工件在不同位置的若干副本。在图 5-31 中,①是大地坐标系,②是工件坐标系 1,③是工件坐标系 2。

图 5-29　基坐标系

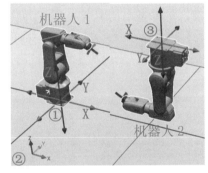
图 5-30　大地坐标系

(4)工具坐标系:定义机器人到达预设目标时所使用工具的位置,工具坐标系(TCPF)将工具中心点设为零位,定义工具的位置和方向,如图 5-32 所示。工业机器人法兰盘没有安装工具时,在法兰盘中心点 TCP 处有一个预定义的工具坐标系,该坐标系为 tool0,用户不能修改和删除。安装工具、更换工具以及工具使用后出现运动误差等情况下需要设定工具 TCP。

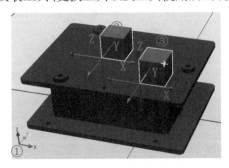
图 5-31　工件坐标系

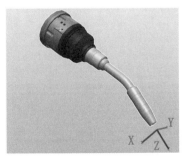
图 5-32　工具坐标系

（5）用户坐标系：可用来表示固定工件、工作台等设备。在图5-33 中，①是用户坐标系，②是大地坐标系，③是基坐标系，④是移动用户坐标系。

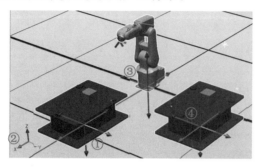

图 5-33　用户坐标系

▶任务实施

一、任务流程

虚拟工具坐标设置→虚拟工件坐标设置。

二、具体操作

1. 虚拟工具坐标设置

机器人工具坐标系是由工具中心点 TCP 与坐标方位组成。机器人没有安装工具时默认的 TCP 点是法兰盘中心点，以此点默认的工具坐标是 tool0，如图 5-34 所示。定义工具坐标"jiaobi"后，TCP 移动到工具的中心点，如图 5-35 所示。

软件定义工具
坐标和工件坐标

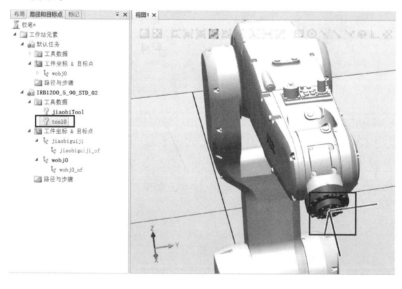

图 5-34　工具坐标 tool0

（1）设置工具坐标名字：单击"基本"→单击"其他"→单击"创建工具数据"，如图 5-36 所示→单击"名称"→输入"jiaobi"，如图 5-37 所示。

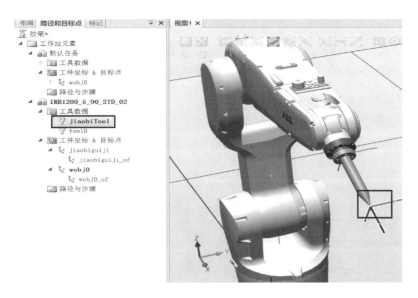

图 5-35　定义工具坐标

图 5-36　创建工具坐标

图 5-37　设置工具坐标名称

（2）设置工具坐标位置：单击"工具坐标框架"→单击"位置 X、Y、Z"，如图 5-38 所

131

示→单击位置坐标框(光标在里面闪烁)→视图界面中单击"选择部件"和"捕捉末端"→移动鼠标到胶笔笔尖处→单击选中笔尖→位置坐标变为胶笔工具笔尖 TCP 点的坐标,如图 5-39 所示→单击"旋转 rx、ry、rz"输入值:RX = 180deg,RY = 60deg,RZ = 180deg,如图 5-40 所示。

(3)工具坐标创建成功:单击"路径和目标点"→单击"默认任务"→单击"工具数据"能看到创建好的工具坐标"jiaobi"→单击"基本"→设置本任务的工具坐标为"jiaobi",如图 5-41 所示。

图 5-38　工具坐标框架

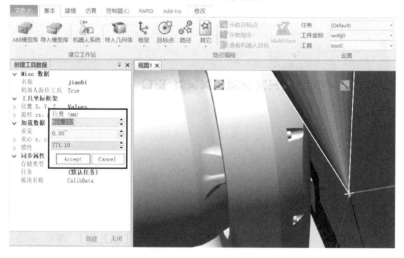

图 5-39　设置工具坐标位置

2. 虚拟工件坐标设置

(1)设置工件坐标名称:单击"基本"→单击"其他"→单击"创建工件坐标",如图 5-42 所示,单击"名称"→输入工件坐标名称"tujiaoguiji",如图 5-43 所示。

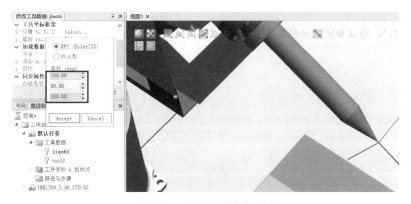

图 5-40　设置工具坐标方向

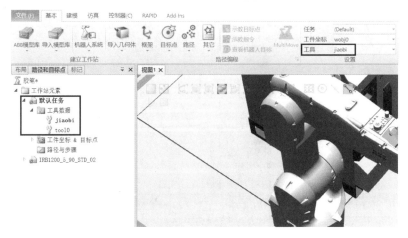

图 5-41　工具坐标设置成功

图 5-42　创建工件坐标

（2）设置工件坐标 X 轴上的第一个点：单击"工件坐标框架"→单击"取点创建框架"→单击"三点"→视图界面中单击"选择部件"和"捕捉末端"，如图 5-44 所示→单击"X 轴上的第一个点"下的位置框（看见光标在闪烁）→移动鼠标到工件表面转角尖点处→单击拾取 X 轴上的第一个点，如图 5-45 所示。

图 5-43　设置工件坐标名称

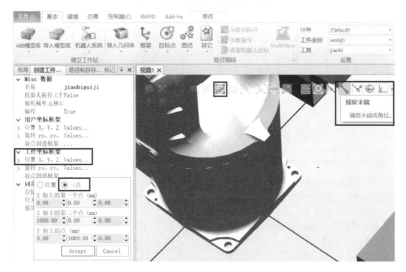

图 5-44　工件坐标框架

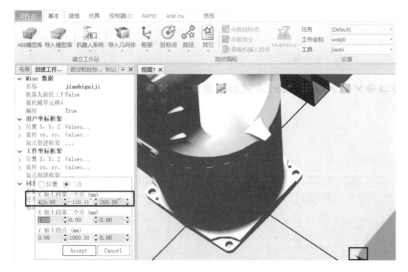

图 5-45　设置 X 轴上的第一个点

（3）设置工件坐标 X 轴上的第二个点：视图界面中单击"选择部件"和"捕捉边缘"→单击"X 轴上的第二个点"下的位置框→移动鼠标到工件表面 X 方向边缘上的一点→单击拾取 X 轴上的第二个点，如图 5-46 所示。

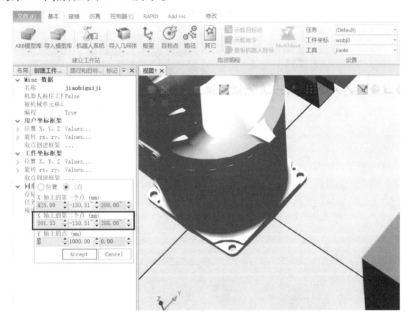

图 5-46　设置 X 轴上的第二个点

（4）设置工件坐标 Y 轴上的点：单击"Y 轴上的点"下的位置框→移动鼠标到工件表面 Y 方向边缘上的一点（出现一个小圆球）→单击拾取 Y 轴上的点，如图 5-47 所示→单击"Accept"→单击"创建"→单击"关闭"，如图 5-48 所示。

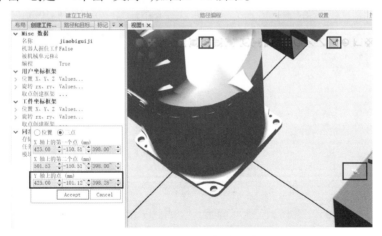

图 5-47　设置 Y 轴上的点

（5）工件坐标创建成功：单击"路径和目标点"→单击"工件坐标 & 目标点"能看到创建好的工件坐标"jiaobiguiji"，如图 5-49 所示。

图 5-48　创建工件坐标

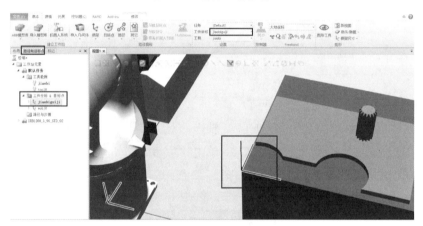

图 5-49　工件坐标设置成功

▶任务评价

任务名称							
姓名		小组成员					
指导教师		完成时间			完成地点		
评价内容		自我评价			教师评价		
		掌握	知道	再学	优	良	合格	不合格
设置虚拟工具坐标								
设置虚拟工件坐标								
工装整洁,工位干净;遵守纪律,爱护设备;全程操作规范,符合安全文明生产要求								

▶任务拓展

一、在机器人示教器上定义工具坐标

1.方法

(1)N(3≤N≤9)点法:机器人 TCP 通过 N 种不同姿态同某固定点相触,得出多组解,通过计算得出当前 TCP 与机器人法兰盘中心点默认工具坐标 tool0 的相应位置,坐标系方向与 tool0 一致。

(2)TCP 和 Z 法:在 N 点法基础上,增加 Z 点与参考点的连线为坐标系 Z 轴的方向,改变了 tool0 的 Z 方向。

(3)TCP 和 Z,X 法:在 N 点法基础上,增加 X 点与参考点的连线为坐标系 X 轴的方向,Z 点与参考点的连线为坐标系 Z 轴的方向,改变了 tool0X 轴和 Z 轴的方向。

说明:本任务主要介绍 TCP 和 Z、X 法创建工具坐标的操作。

2.具体操作

(1)创建工具坐标:单击"≡∨"图标→单击"手动操纵",如图 5-50 所示
→单击"工具坐标"如图 5-51 所示→单击"新建",如图 5-52 所示→使用默认的工具坐标名称"tool1"→单击"确定",如图 5-53 所示。

示教器上定义
工件坐标

(2)修改工具坐标:单击"tool1"→单击"编辑"→单击"更改值",如图 5-54所示→单击"mass"→重新输入值,如果已经知道工具的 mass 值可直接输入,如果不清楚 mass 值可先改为正值即可,如图 5-55 所示。

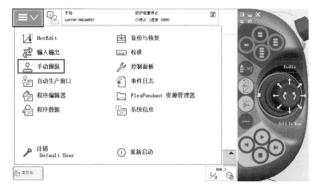

图 5-50　手动操纵

图 5-51　工具坐标

图 5-52　新建工具坐标

图 5-53　设置工具坐标

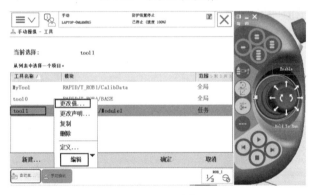

图 5-54　更 改 值

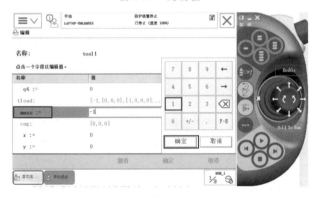

图 5-55　修改 mass 值

注意:如果没有修改 mass 值,会提示工具坐标含有无效数据的错误,如图 5-56 所示。

(3)选择定义工具坐标的方法:单击"tool1"→单击"编辑",如图 5-57 所示→单击"定义"→方法选择"TCP 和 Z、X"→点数设置"4",如图 5-58 所示。

(4)在机器人工作范围内找一个非常精确的固定点作为参考点 1,在工具上确定一个参考点 2(最好是工具的中心点)。用手动操纵机器人的方法,移动工具上的参考点 2,以 4 种以上不同的姿态尽可能与一个固定的点 1 接触,如图 5-59 所示。前三个机器人的姿态相差尽量大,相差越大越有助于提高 TCP 的精度。

图 5-56　mass 值未修改错误

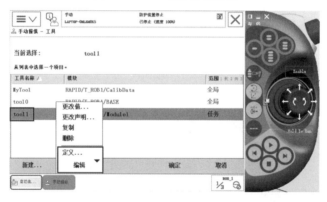

图 5-57　选择定义工具坐标

图 5-58　选择工具坐标定义方法

139

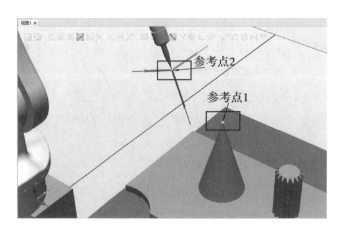

图 5-59　定义工具坐标的参考点

　　(5)定义点 1:手动操纵机器人以第一种姿态,尽可能让工具的参考点 2 与固定的参考点 1 接触,如图 5-60 所示→单击示教器界面"点 1"→单击"修改位置"点 1 的状态显示已修改,如图 5-61 所示。说明:在仿真软件上操作时可以打开视图界面快捷键"选择部件"和"捕捉末端",线性移动机器人让参考点 2 与参考点 1 接触。

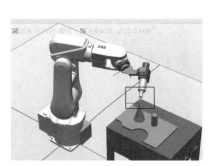

图 5-60　第一种姿态

图 5-61　修改点 1 的位置

　　(6)定义点 2:手动操纵机器人以第二种姿态,尽可能让工具的参考点 2 与固定的参考点 1 接触,如图 5-62 所示→单击示教器界面"点 2"→单击"修改位置",点 2 的状态显示已修改,如图 5-63 所示。

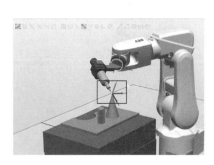

图 5-62　第二种姿态

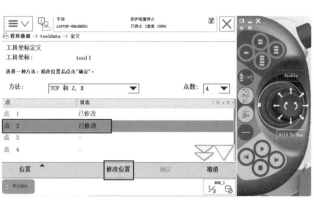

图 5-63　修改点 2 的位置

（7）定义点3：手动操纵机器人以第三种姿态，尽可能让工具的参考点2与固定的参考点1接触，如图5-64所示→单击示教器界面"点3"→单击"修改位置"，点3的状态显示已修改，如图5-65所示。

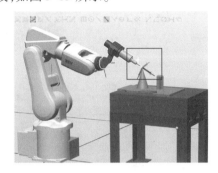

图5-64　第三种姿态　　　　　　　　　　　图5-65　修改点3的位置

（8）定义点4：手动操纵机器人以第四种姿态（为了方便定义延伸点通常第4点选择工具垂直于参考点1的姿态），尽可能让工具的参考点2与固定的参考点1接触，如图5-66所示→单击示教器界面"点4"→单击"修改位置"，点4的状态显示已修改，如图5-67所示。

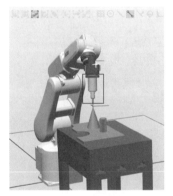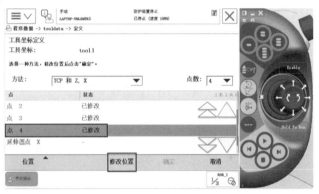

图5-66　第四种姿态　　　　　　　　　　　图5-67　修改点4的位置

（9）定义延伸器点X：手动操纵机器人在第四种姿态的基础上，尽可能让工具的参考点2从固定点1向将要设定为TCP的X方向移动，如图5-68所示→单击示教器界面"延伸器点X"→单击"修改位置"延伸器点X的状态显示已修改，如图5-69所示。

图5-68　延伸器点X的姿态　　　　　　　　图5-69　修改延伸器点X的位置

（10）定义延伸器点 Z：手动操纵机器人在第四种姿态的基础上，尽可能让工具的参考点 2 从固定点 1 向将要设定为 TCP 的 Z 方向移动，如图 5-70 所示→单击示教器界面"延伸器点 Z"→单击"修改位置"延伸器点 Z 的状态显示已修改→单击"确定"，如图 5-71 所示。

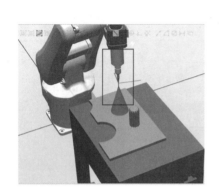

图 5-70　延伸器点 Z 的姿态　　　　　　　　　图 5-71　修改延伸器点 Z 的位置

（11）机器人通过计算这四个位置点的位置数据求得 TCP 的数据，并将 TCP 的数据保存在 tooldata 这个程序数据中，即可以被程序调用。计算结果会显示工具坐标名称、方法、最大误差、最小误差、平均误差等，如图 5-72 所示。

图 5-72　工具坐标计算结果

二、在示教器上定义工件坐标

1. 方法

三点法：只需在工件表面位置或工件边缘角位置上，定义三个点的位置，即可创建一个工件坐标系，如图 5-73 所示。手动操纵机器人，在工件表面或边缘角的位置找到一点 X1，作为坐标系的原点；手动操纵机器人，在 X1 点的 X 方向上找一点 X2，X1 和 X2 确定工件坐标系 X 轴的正方向，它们的距离越远，定义的坐标系轴向越精准；手动操纵机器人，在 XY 平面上 Y 的正方向上找一点 Y1，确定坐标系的 Y 轴的正方向。工件坐标符合右手定则，如图 5-74 所示。

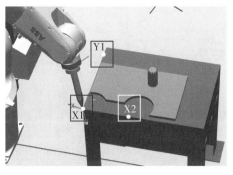

图 5-73　定义工件坐标的三点

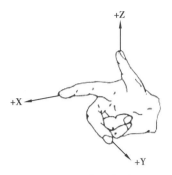

图 5-74　右手定则

2. 具体操作

（1）新建工件坐标：单击"手动操纵"，如图 5-75 所示→单击"工件坐标"，如图 5-76 所示→单击"新建"，如图 5-77 所示→输入工件坐标的名称等信息，图 5-78 所示为系统默认信息。

示教器上定义
工件坐标

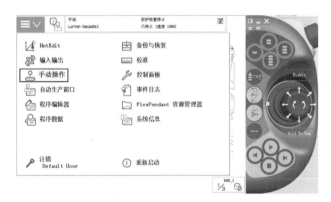

图 5-75　选择"手动操纵"

图 5-76　选择"工件坐标"

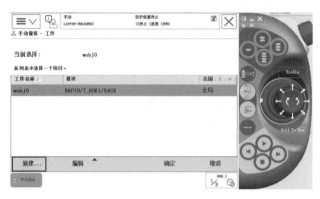

图 5-77　新建工件坐标

图 5-78　输入工件坐标信息

（2）选择定义工件坐标的方法：单击"wobj1"→单击"编辑"→单击"定义"，如图 5-79 所示→单击目标方法向下箭头，选择"3 点"，如图 5-80 所示。

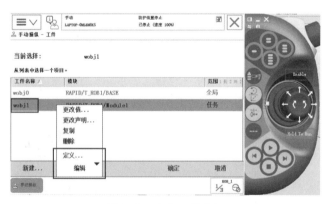

图 5-79　定义工件坐标

（3）确定 X1 点的位置：视图界面中单击"选择部件"和"捕捉末端"→在工件表面或边缘角的位置找到一点 X1 作为坐标系的原点，操纵机器人使工具 TCP 点接触 X1 点，如图 5-81所示→示教器上单击"修改位置"目标点 X1 点的状态显示为"已修改"，如图 5-82所示。

图 5-80　选择定义工件坐标的方法

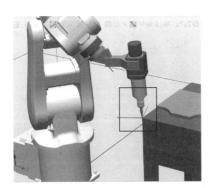

图 5-81　X1 点的位置

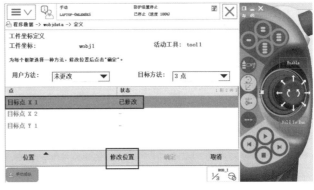

图 5-82　修改 X1 点的位置

（4）确定 X2 点的位置：视图界面中单击"选择部件"和"捕捉边缘"→在 X1 点的 X 正方向上找一点 X2，X1 和 X2 确定工件坐标系 X 轴的正方向，操纵机器人使工具 TCP 点接触 X2 点，如图 5-83 所示→示教器上单击"修改位置"，目标点 X2 点的状态显示为"已修改"，如图 5-84 所示。

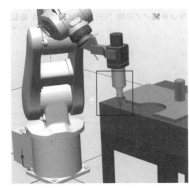

图 5-83　X2 点的位置

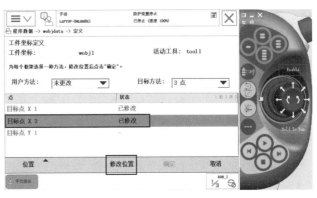

图 5-84　修改 X2 点的位置

（5）确定 Y1 点的位置：视图界面中单击"选择部件"和"捕捉边缘"→在 XY 平面上 Y 的正方向上找一点 Y1，确定坐标系 Y 轴的正方向，操纵机器人使工具 TCP 点接触 Y1 点，如图 5-85 所示→示教器上单击"修改位置"目标点 Y1 点的状态显示为"已修改"，如图 5-86 所示。

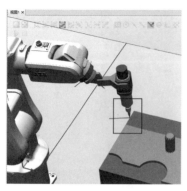

图 5-85 Y1 点的位置

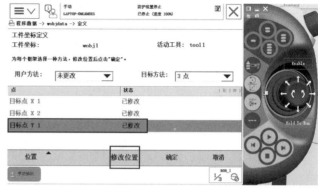

图 5-86 修改 Y1 点的位置

定义工件坐标成功如图 5-87 所示。

图 5-87 定义工件坐标完成

任务三 创建涂胶运动轨迹程序

▶任务描述

本任务主要介绍创建工件边框涂胶轨迹和工件曲线涂胶轨迹,并对涂胶运动轨迹进行编辑和轨迹优化,调整轴配置参数优化机器人的运行姿态。

▶相关知识

一、机器人的目标点

在 RobotStudio 仿真软件中要对机器人的动作编程时,需要使用目标点。目标点是机器人要到达的坐标点,其快捷按钮如图 5-88 所示。

1.创建目标点

(1)创建目标:可以移动机器人拾取目标点或者直接输入目标点的位置和方向,但没有创建和机器人轴有关的配置,如图 5-89 所示。

(2)创建关节坐标 Joninttarget:可直接键入机器人各关节轴的数值,如图 5-90 所示。

(3)从边缘创建目标点:沿表面的边缘创建目标点,选中一个面临近的边缘,可以设置与该面的垂直、侧面、横向偏移以及接近角度,如图 5-91 所示。

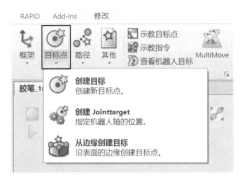

图 5-88　目标点

图 5-89　创建目标点坐标

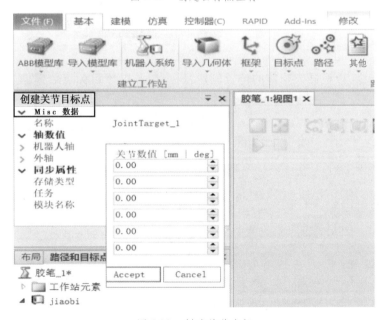

图 5-90　创建关节坐标

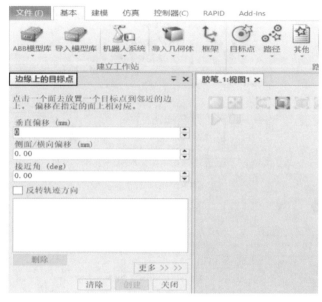

图 5-91　从边缘创建目标点

（4）示教目标点：以机器人当前的位置创建目标点，如图 5-92 所示。

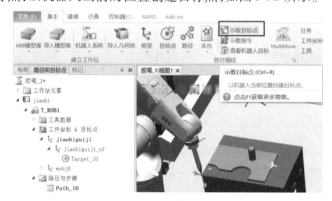

图 5-92　示教目标点

（5）示教指令：以机器人当前的位置创建目标点，并以该目标点数据创建移动指令，如图 5-93 所示。

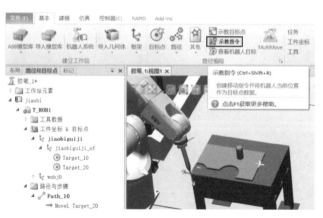

图 5-93　示教指令

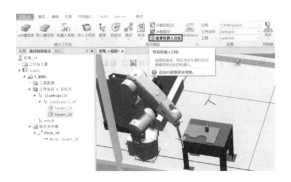

图 5-94 查看目标点

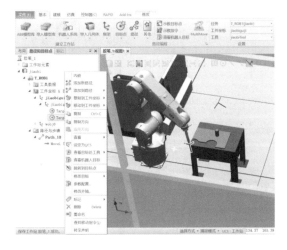

图 5-95 编辑目标点

2.查看和编辑目标点

（1）查看机器人目标：选中任意需要查看的目标点，然后单击查看机器人目标，即可查看任意目标点处的机器人，如图 5-94 所示。

（2）编辑目标点：选中需要操作的目标点单击右键，可以对目标点进行复制、删除、重命名、添加到路径、更改坐标系、查看目标处工具、修改目标位置等操作，如图 5-95 所示。

二、机器人的路径

在 RobotStudio 仿真软件中要对机器人的动作编程时，需要使用路径。路径是机器人按照目标点移动的顺序，机器人将根据路径中定义的目标点顺序移动，其快捷键如图 5-96 所示。

图 5-96 路 径

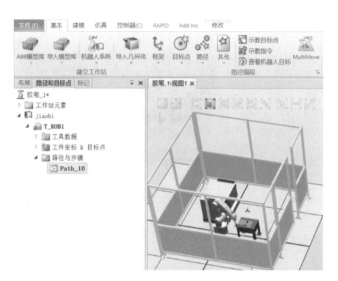

图 5-97　空路径

路径有空路径和自动路径两种。空路径是无指令的新路径,如图 5-97 所示。自动路径
是从几何体边缘创建一条路径,如图 5-98 所示。路径创建成功,如图 5-99 所示。

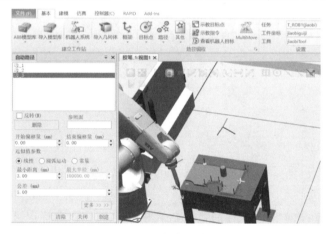

图 5-98　几何体自动路径

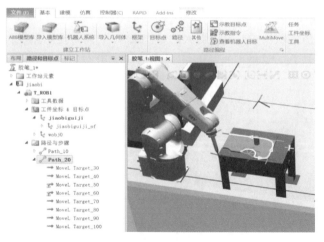

图 5-99　自动路径

▶任务实施

一、任务流程

创建工件边框涂胶路径→创建工件曲线涂胶路径。

二、具体操作

创建边框轨迹

说明:在任务1创建的工作站里创建本任务的涂胶路径。

(一)创建工件边框涂胶路径

机器人工件边框涂胶轨迹加工路径:home→dian1→dian2→dian3→dian4→home,如图 5-100 所示。

1.创建空路径

单击"基本"→单击"路径"→单击"空路径",如图5-101所示→单击"Path_10"→单击右键→单击"重命名"→输入名称"biankuang",如图 5-102 所示。

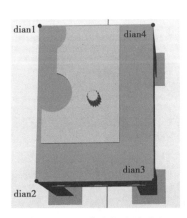

图 5-100　工件边框涂胶路径

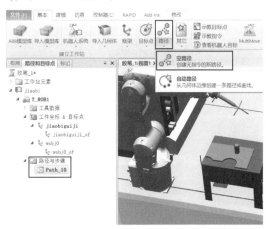

图 5-101　创建空路径

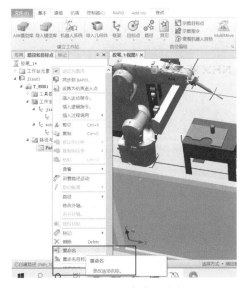

图 5-102　重命名空路径

2.创建移动到机器人机械原点的轨迹

（1）机器人移动到机械原点：单击"布局"→单击工作站的组件→单击鼠标右键→单击"可见"隐藏工作站部分部件，如图 5-103 所示→单击"IRB1200"机器人型号→单击鼠标右键→单击"回到机械原点"，让机器人回到机械原点位置，如图 5-104 所示。

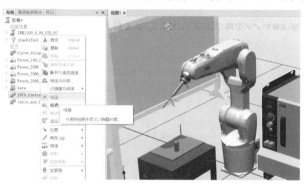

图 5-103　隐藏工作站部件

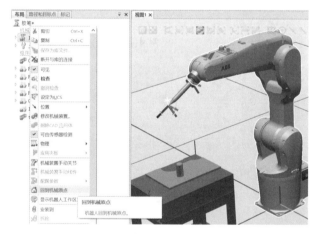

图 5-104　机器人回到机械原点

（2）设置指令：系统默认的移动指令格式如图 5-105 所示。

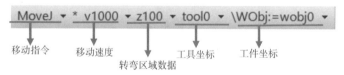

图 5-105　关节型移动指令的格式

单击右下角移动指令位置，设置移动指令为"MoveJ"→单击移动速度位置，设置机器人运行速度为 1 000 m/s→单击转弯区域数据位置，设置区域数据为"fine"→单击工具坐标位置，设置工具坐标为"jiaobiTool"→单击工件坐标位置，设置工件坐标为"jiaobiguiji"，移动指令设置结果，如图 5-106 所示。

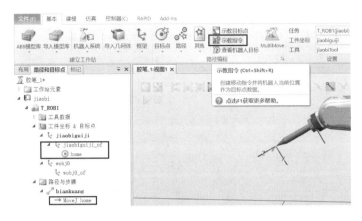

图 5-106　设置到"home"点的指令

该指令的含义:移动到"home"点的动作类型为"Joint"关节型,指令参数设置分别为机器人运行速度"1 000"、转弯区域数据"fine"、工具坐标"jiaobiTool"、工件坐标"jiaobiguiji"。

(3)示教指令:单击"基本"→单击"示教指令",根据前面设置的指令格式在"biankuang"路径下创建一条移动指令"MoveJ Target_10",同时会自动生成一个目标点"Target_10"。

(4)修改目标点名称:单击"工具坐标 & 目标点"→单击"jiaobiguiji"→单击"jiaobiguiji_of"→单击"Target_10"→单击右键选择"重命名",如图 5-107 所示→修改目标点名字为"home"→移动指令"MoveJ Target_10"会自动变成"MoveJ home",如图 5-108 所示。

3.创建机器人移动到点位 1 的轨迹

(1)机器人移动到点位 1(dian1):单击快捷键"手动线性"和视图界面快捷键"捕捉末端"→单击胶笔工具→在工具 TCP 点处出现三维坐标,如图 5-109 所示→按住鼠标左键不放,拖动三维坐标让胶笔工具 TCP 点接触工件表面的点 1,如图 5-110 所示。

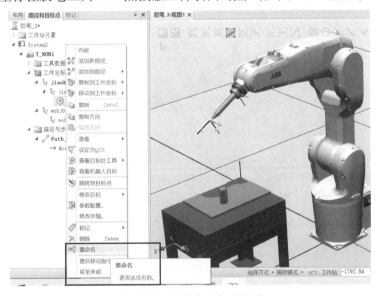

图 5-107　重命名目标点名称

图 5-108　示教 home 点

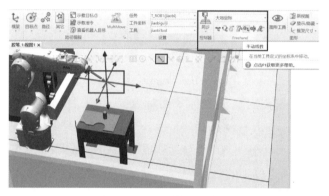

图 5-109　工具 TCP 点

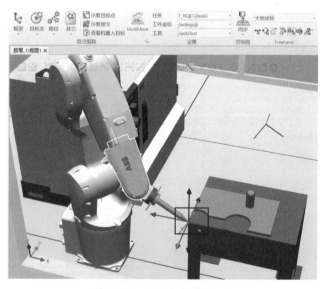

图 5-110　TCP 点接触 dian1

　　（2）调整机器人接触到"dian1"的姿态：单击快捷键"手动重定位"→单击胶笔工具→在工具 TCP 点处出现三维坐标球，如图 5-111 所示→按住鼠标左键不放，拖到三维球的旋转箭头调整机器人姿态，使胶笔工具垂直于工件表面，如图 5-112 所示。

154

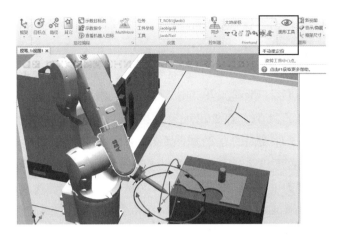

图 5-111　手动重定位

图 5-112　调整机器人的姿态

（3）设置指令：单击右下角移动指令位置，设置移动指令为"MoveJ"→单击移动速度位置，设置机器人运行速度为 1 000 m/s→单击转弯区域数据位置，设置区域数据为"fine"→单击工具坐标位置，设置工具坐标为"jiaobiTool"→单击工件坐标位置，设置工件坐标为"jiaobiguiji"，移动指令设置结果如图 5-113 所示。

MoveJ ▾ * v1000 ▾ fine ▾ jiaobiTool ▾ \WObj:=jiaobiguiji ▾

图 5-113　设置到点位 1 的指令

该指令的含义：移动到"dian1"点的动作类型为"Joint"关节型、指令参数分别为速度"1 000"、区域"fine"、工具坐标"jiaobiTool"、工件坐标"jiaobiguiji"。

（4）示教指令：单击"基本"→单击"示教指令"，根据前面设置的指令格式在"biankuang"路径下创建第二条移动指令"MoveJ Target_10"，同时会自动生成一个目标点"Target_10"。

（5）修改目标点名称：单击"工具坐标 & 目标点"→单击"jiaobiguiji"→单击"jiaobiguiji_

of"→单击"Target_10"→单击右键选择"重命名"→修改目标点名字为"dian1"→移动指令"MoveJ Target_10"会自动变成"MoveJ dian1",如图5-114所示。

4. 创建机器人移动到点位2的轨迹

(1)机器人移动到点位2(dian2):单击快捷键"手动线性"和视图界面快捷键"捕捉末端"→单击胶笔工具→在工具TCP点处出现三维坐标→按住鼠标左键不放,拖动三维坐标让胶笔工具TCP点接触工件表面的点2,如图5-115所示。

(2)设置指令:单击右下角移动指令位置,设置移动指令为"MoveL"→单击移动速度位置,设置机器人运行速度为1 000 m/s→单击转弯区域数据位置,设置区域数据为"z0"→单击工具坐标位置,设置工具坐标为"jiaobiTool"→单击工件坐标位置,设置工件坐标为"jiaobiguiji",移动指令设置结果如图5-116所示。

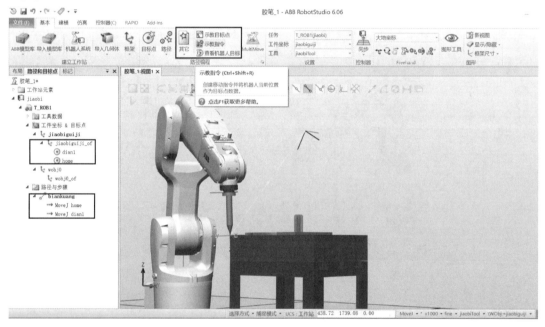

图5-114 示教点位1的指令

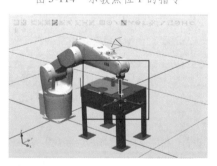

图5-115 机器人移动到点位2

MoveL ▼ * v1000 ▼ z0 ▼ jiaobiTool ▼ \WObj:=jiaobiguiji ▼

图5-116 设置到点位2的指令

该指令的含义:移动到"dian2"点的动作类型为"Linear"直线型,指令参数分别为速度"1 000"、区域"z0"、工具坐标"jiaobiTool"、工件坐标"jiaobiguiji"。

(3)示教指令:单击"基本"→单击"示教指令",根据前面设置的指令格式在"biankuang"路径下创建第三条移动指令"MoveJ Target_10",同时会自动生成一个目标点"Target_10"。

(4)修改目标点名称:单击"工具坐标 & 目标点"→单击"jiaobiguiji"→单击"jiaobiguiji_of"→单击"Target_10"→单击鼠标右键选择"重命名"→修改目标点名字为"dian2"→移动指令"MoveJ Target_10"会自动变成"MoveJ dian2",如图 5-117 所示。

5.创建机器人移动到点位 3 的轨迹

用同样的方法,创建机器人移动到点位 3 的轨迹"MoveL dian3",如图 5-118 所示。

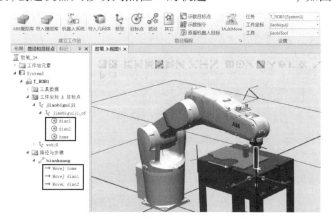

图 5-117　示教点位 2 的指令

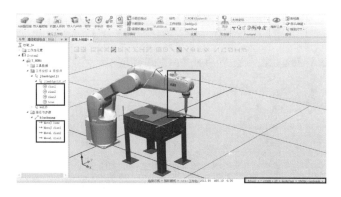

图 5-118　创建移动到点位 3 的指令

6.创建机器人移动到点位 4 的轨迹

用同样的方法,创建机器人移动到点位 4 的轨迹"MoveL dian4",如图 5-119 所示。

7.添加目标点"dian1"到"biankuang"路径中的最后一条移动指令

单击"工具坐标 & 目标点"→单击"jiaobiguiji"→单击"jiaobiguiji_of"→单击目标点"dian1"→单击右键选中"添加到路径"→单击"biankuang"→单击"最后",如图 5-120 所示。添加目标点指令成功,如图 5-121 所示。

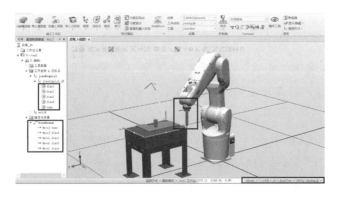

图 5-119　创建移动到点位 4 的指令

注意:如果程序指令属性设置错误可以单击错误指令→单击右键→单击"编辑指令"进行修改,如图 5-122 所示,可修改指令的所有参数(动作类型、速度、区域、工件数据、工具数据),如图 5-123 所示。

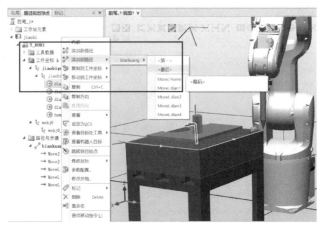

图 5-120　添加目标点移动指令

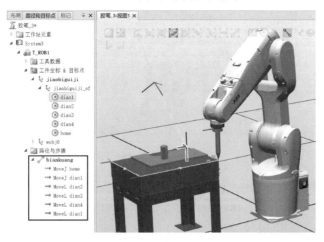

图 5-121　添加移动到 dian1 的指令

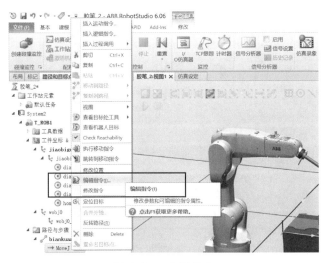

图 5-122　编辑指令

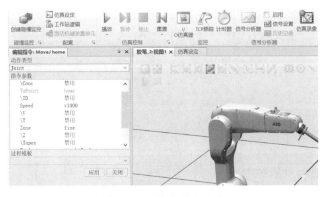

图 5-123　修改指令参数

8. 添加目标点"home"到"biankuang"路径中最后一条移动指令

单击"工具坐标 & 目标点"→单击"jiaobiguiji"→单击"jiaobiguiji_of"→单击目标点"home"→单击右键选中"添加到路径"→单击"biankuang"→单击"最后",如图 5-124 所示。

图 5-124　添加 home 移动指令

9. 创建轨迹的入刀点和出刀点

在轨迹的实际运行中出于安全考虑通常会在工件加工的第一点上方设置出入刀点。

（1）复制目标点 dian1 重命名为 rudaodian：单击"工具坐标 & 目标点"→单击"jiaobigui-

ji"→单击"jiaobiguiji_of"→单击目标点"dian1"→单击右键→单击"复制",如
图 5-125 所示→单击"jiaobiguiji_of"→ 单击右键→单击"粘贴"→单击刚粘贴
的目标点→单击右键→重命名"rudaodian",如图 5-126 所示。

创建边框轨迹
出入刀点

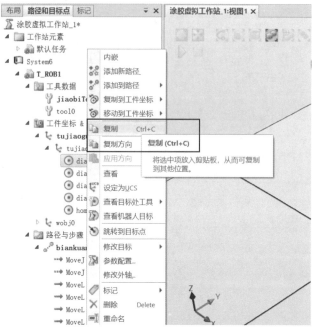

图 5-125　复制目标点 dian1

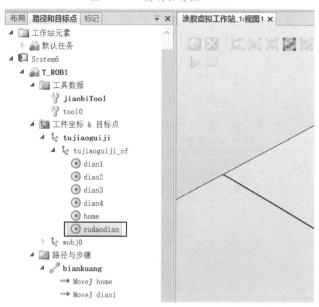

图 5-126　重命名 rudaodian

　(2)设置目标点"rudaodian"的位置在"dian1"负 Z 方向上偏移 200 mm 处:单击目标点
"rudaodian"→单击右键→单击"修改目标"→单击"设定位置",如图 5-127 所示、设置位置 Z
为"－200"→单击"应用",如图 5-128 所示。

（3）创建入刀点的轨迹。设置指令,单击右下角移动指令位置,设置移动指令为"MoveJ"→单击移动速度位置,设置机器人运行速度为 1 500 m/s→单击转弯区域数据位置,设置区域数据为"fine"→单击工具坐标位置,设置工具坐标为"jiaobiTool"→单击工件坐标位置,设置工件坐标为"jiaobiguiji",移动指令设置结果如图 5-129 所示。

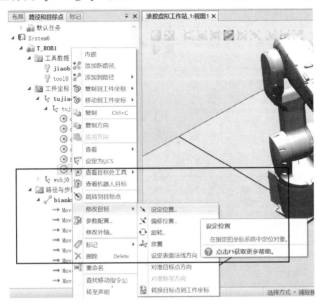

图 5-127　修改目标点位置

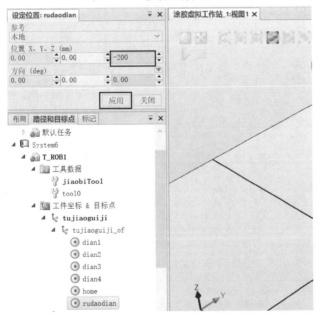

图 5-128　设置"rudaodian"位置

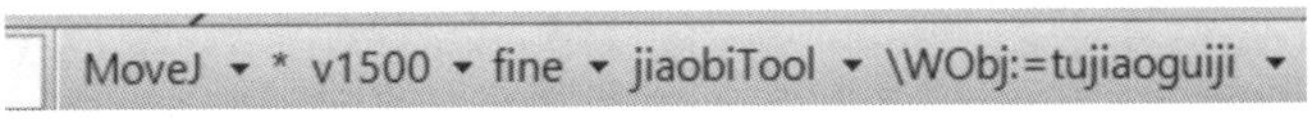

MoveJ ▾ * ▾ v1500 ▾ fine ▾ jiaobiTool ▾ \WObj:=tujiaoguiji ▾

图 5-129　入刀点轨迹指令设置

单击目标点"rudaodian"→单击右键→单击"添加到路径"→单击"biankuang"→单击"MoveJ home",即在"dian1"机器人从"home"点出发先到"dian1"上方 200 mm 再到"dian1",如图 5-130 所示。

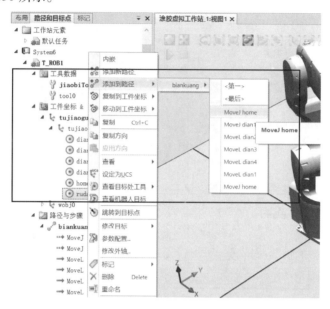

图 5-130　创建入刀点轨迹

（4）创建出刀点的轨迹。单击目标点"rudaodian"→单击右键→单击"添加到路径"→单击"biankuang"→单击"MoveL dian1",即机器人运行"biankuang"轨迹结束后从"dian1"出发先到"dian1"上方 200 mm 再到"home",如图 5-131 所示。

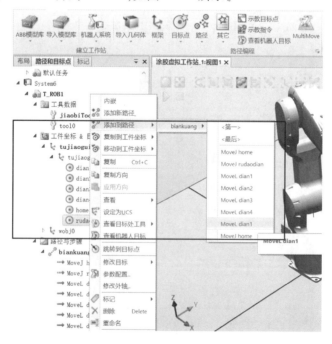

图 5-131　创建出刀点轨迹

10.同步

将工作站对象(工件坐标、工具数据、路径 & 目标)与 RAPID 代码匹配,为工作站仿真作准备。单击"基本"→单击"同步",如图 5-132 所示→在同步的对象后方框里单击→单击"确定",如图 5-133 所示。

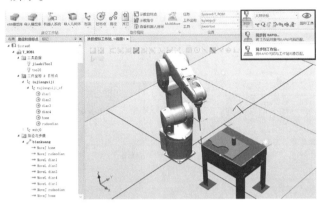

图 5-132 同步到 RAPID

图 5-133 设置工作站同步对象

(二)创建工件曲线涂胶路径

机器人工件曲线涂胶轨迹加工路径:从工件中间几何体边缘创建路径,如图 5-134 所示。

创建曲线轨迹

1.创建自动路径

单击"基本"→单击"路径"→单击"自动路径",如图 5-135 所示。

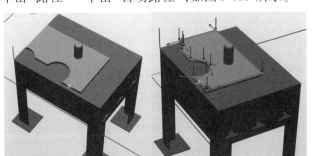

图 5-134 几何体边缘曲线路径

2.选择工件加工路径

移动鼠标到工件几何体边缘出现小圆球和蓝色箭头(表示机器人入刀方向),如图
5-136所示。

单击选中工件边缘第一条边,如图5-137所示→用同样的方法选中边2、边3、边4、边
5、边6、边7,如图5-138所示。注意:按住Shift+鼠标左键,可同时选中多条边。

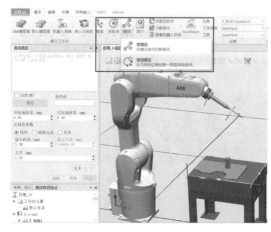

图 5-135　创建自动路径

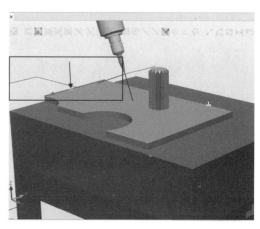

图 5-136　选择工件加工路径

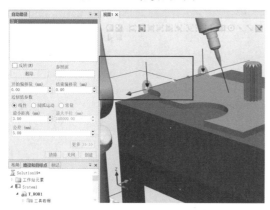

图 5-137　选中加工路径边1

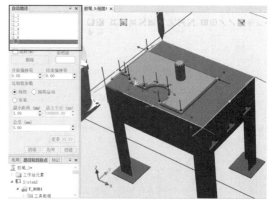

图 5-138　选中所有加工路径

3.设置路径加工参数

(1)设置指令:单击右下角移动指令位置,设置移动指令为"MoveL"→单击移动速度位
置,设置机器人运行速度为500 m/s→单击转弯区域数据位置,设置区域数据为"z0"→单击
工具坐标位置,设置工具坐标为"jiaobiTool"→单击工件坐标位置,设置工件坐标为"jiao-
biguiji",移动指令设置结果如图5-139所示。

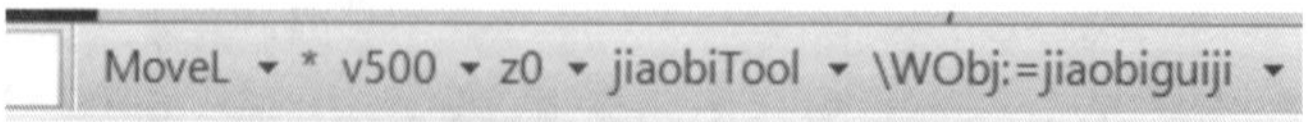

MoveL ▾ * ▾ v500 ▾ z0 ▾ jiaobiTool ▾ \WObj:=jiaobiguiji ▾

图 5-139　自动路径指令格式

(2)设置参照面:视图界面中单击"选择表面"→单击参照面下的方框,可以看到光标在
闪烁→移动鼠标到工件加工参照面,光标显示虚线的小叉,单击选中该参照面→参照面方
框显示"(Face)－ Curve_thing"表示选择成功,如图5-140所示。

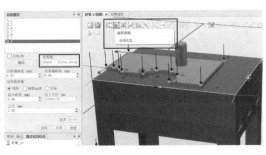

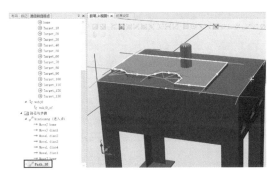

图 5-140　选择参照面　　　　　　　图 5-141　自动路径创建完成

（3）反转框打勾（机器人加工方向为顺时针方向），反转框空白则机器人加工方向为逆时针方向→其他偏移量等参数采用默认值不作更改→单击创建→自动路径创建完成，如图 5-141 所示→单击右键→单击"重命名"，将路径改名为"quxian"。

4. 为自动路径添加到"home"点的移动指令（"quxian"和"biankuang"路径共用同一个"home"点）

（1）设置指令：单击右下角移动指令位置，设置移动指令为"MoveJ"→单击移动速度位置，设置机器人运行速度为 1 000 m/s→单击转弯区域数据位置，设置区域数据为"fine"→单击工具坐标位置，设置工具坐标为"jiaobiTool"→单击工件坐标位置，设置工件坐标为"jiaobiguiji"，如图 5-142 所示。

$$\boxed{\text{MoveJ} \ \blacktriangledown \ * \ \blacktriangledown \ \text{v1000} \ \blacktriangledown \ \text{fine} \ \blacktriangledown \ \text{jiaobiTool} \ \blacktriangledown \ \text{\textbackslash WObj:=jiaobiguiji} \ \blacktriangledown}$$

图 5-142　移动到"home"点的指令

（2）添加指令到"quxian"路径：单击"工具坐标 & 目标点"→单击"jiaobiguiji"→单击"jiaobiguiji_of"→单击目标点"home"→单击右键选中"添加到路径"→单击"quxian"→单击"第一"，重复以上步骤将目标点"home"添加到"quxian"路径的最后，如图 5-143 所示。

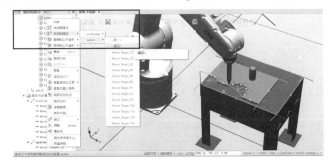

图 5-143　添加指令到"quxian"路径

5. 目标点姿态调整

为保证目标点的定义能使机器人高效的执行任务，要重新调整目标点的方向。

（1）查看第一目标点的姿态：单击"工具坐标 & 目标点"→单击"jiaobiguiji"→单击"jiaobiguiji_of"→单击目标点"Target_10"→单击右键→单击"查看目标点工具"→单击"jiaobi"，如图 5-144 所示。

165

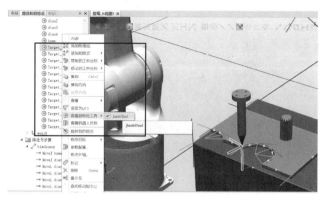

图 5-144　查看目标点工具

（2）修改第一目标点的姿态：单击目标点"Target_10"→单击右键→单击"修改目标"。

单击"旋转"，如图 5-145 所示→旋转对话框，单击"Z"旋转输入"90"，即绕 Z 轴旋转合适的角度→单击"应用"，视图界面会看到工具有旋转的动作→单击"关闭"，如图 5-146所示。

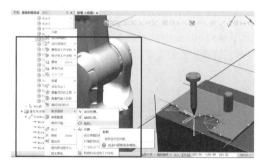

图 5-145　修改目标

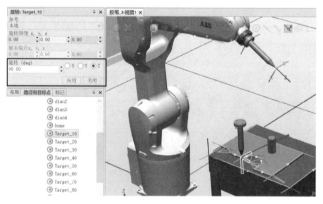

图 5-146　绕 Z 轴旋转 90°

（3）修改剩余目标点方向与第一目标点一致。单击"工具坐标 & 目标点"→单击"jiao-biguiji"→单击"jiaobiguiji_of"→单击目标点"Target_10"→单击右键→单击"复制方向"，如图 5-147 所示→单击第二目标点"Target_20"→按住"Shift"键同时单击"Target_130"，选中"Target_20"—"Target_130"的剩余所有目标点，如图 5-148 所示→单击右键选中"应用方向"，如图 5-149 所示。

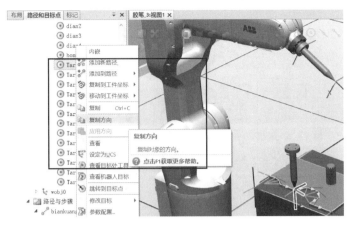

图 5-147　复制第一目标点方向

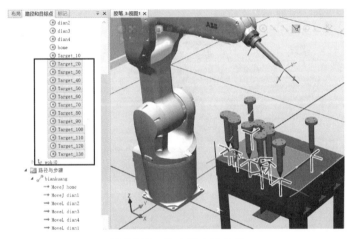

图 5-148　选中剩余目标点

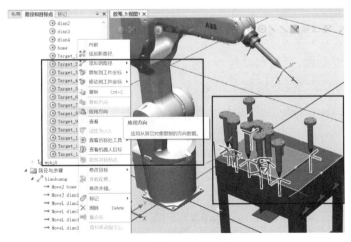

图 5-149　剩余目标点应用方向

剩余目标点姿态调整成功,如图 5-150 所示。

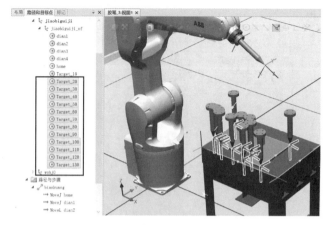

图 5-150　剩余目标点姿态调整成功

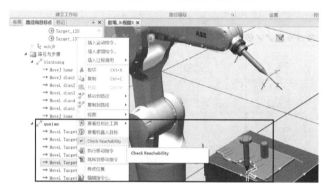

图 5-151　检查所有目标点可达性

（4）检查目标点可达性，检查机器人和工具是否能到达路径内的所有目标点。单击"quxian"路径→单击一条运行指令→单击右键→单击"Check Reachability"目标点可达性检查，如图 5-151 所示。

6. 调整目标点的轴配置参数

机器人轴配置参数，当控制器计算机器人到达目标点各轴的位置时，一般会得到多个配置机器人轴的解决方案，即机器人到达同一目标点，各个轴的值不是唯一的。根据目标点"Target_10"的轴配置参数计算出 4 种解决方案，如图 5-152 所示。

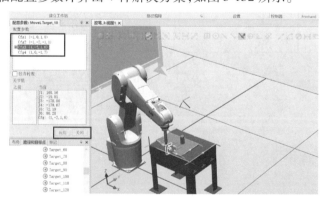

图 5-152　"Target_10"的轴配置参数

单击"quxian"路径中有感叹号的指令→单击右键→单击"修改指令"→单击"参数配置",如图 5-153 所示→单击合适的轴配置参数,如图 5-154 所示→单击"应用"→单击"关闭",完成配置。

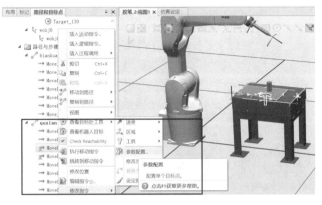

图 5-153　调出参数配置

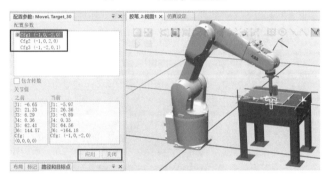

图 5-154　选择轴配置参数

7. 调整路径的轴配置参数

单击"quxian"路径→单击右键→单击"自动配置",有两种自动配置方式:①计算线性和圆周运动的新配置,但是维持关节运动,如图 5-155 所示;②计算路径中所有移动指令的新配置,如图 5-156 所示。

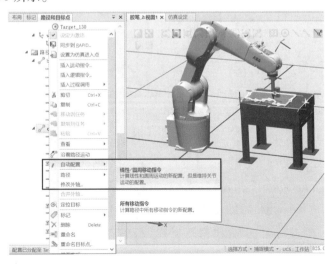

图 5-155　自动配置 1

169

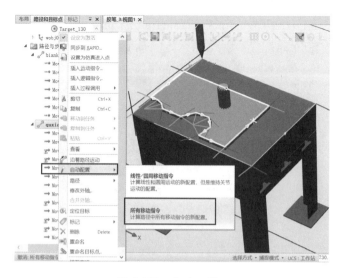

图 5-156　自动配置 2

单击线性/圆周移动指令，轴配置参数调整完成，如图 5-157 所示。

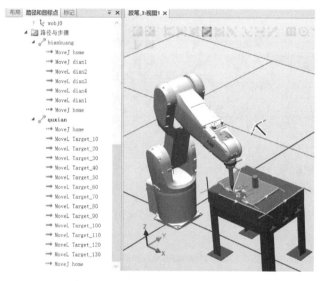

图 5-157　完成轴配置参数调整

8.创建轨迹的入刀点和出刀点

在轨迹的实际运行中出于安全考虑通常会在工件加工的第一点上方设置出入刀点。

（1）复制目标点 Target_10 重命名为"rudaodian1"：单击"工具坐标 & 目标点"→单击"jiaobiguiji"→单击"jiaobiguiji_of"→单击目标点"Target_10"→单击右键→单击"复制"，如图 5-158 所示→单击"jiaobiguiji_of"→ 单击右键→单击"粘贴"→单击刚粘贴的目标点→单击右键→重命名为"rudaodian1"，如图 5-159 所示。

（2）设置目标点"rudaodian1"的位置在"Target_10"负 Z 方向上偏移 200 mm 处：单击目标点"rudaodian1"→单击右键→单击"修改目标"→单击"设定位置"，如图 5-160 所示→设置位置 Z 为"−200"→单击"应用"，如图 5-161 所示。

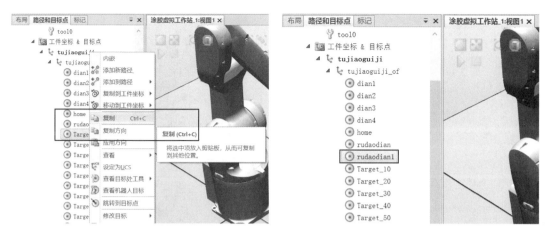

图 5-158　复制目标点 dian1　　　　　　　　图 5-159　重命名 rudaodian1

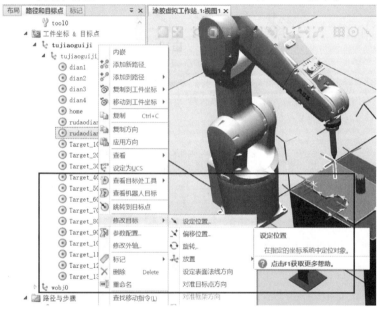

图 5-160　修改目标点位置

（3）创建入刀点的轨迹。

设置指令,单击右下角移动指令位置,设置移动指令为"MoveJ"→单击移动速度位置,设置机器人运行速度为 1 500 m/s→单击转弯区域数据位置,设置区域数据为"fine"→单击工具坐标位置,设置工具坐标为"jiaobiTool"→单击工件坐标位置,设置工件坐标为"jiao-biguiji",移动指令设置结果如图 5-162 所示。

单击目标点"rudaodian1"→单击右键→单击"添加到路径"→单击"quxian"→单击"MoveJ home",即"Target_10"机器人从"home"点出发先到"Target_10"上方 200 mm 再到"Target_10",如图 5-163 所示。

171

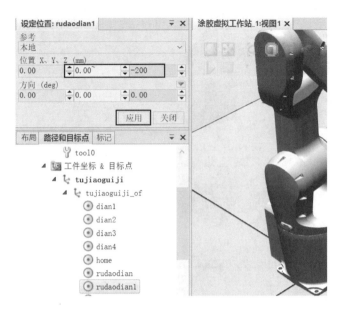

图 5-161　设置"rudaodian"位置

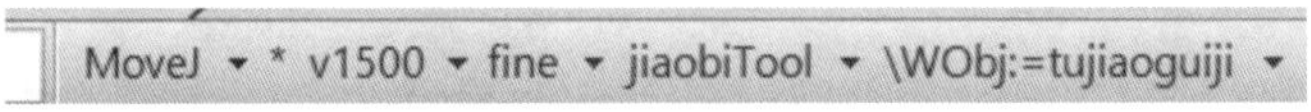

MoveJ ▾ * ▾ v1500 ▾ fine ▾ jiaobiTool ▾ \WObj:=tujiaoguiji ▾

图 5-162　入刀点轨迹指令设置

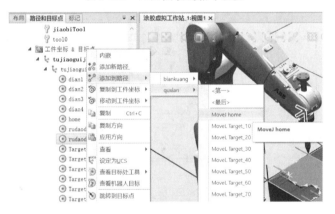

图 5-163　创建入刀点轨迹

（4）创建出刀点的轨迹。

单击目标点"rudaodian1"→单击右键→单击"添加到路径"→单击"quxian"→单击"MoveL Target_130"，即机器人运行"quxian"轨迹结束后从"Target_130"出发先到"Target_130"上方 200 mm 再到"home"，如图 5-164 所示。

9. 同步

将工作站对象（工件坐标、工具数据、路径 & 目标）与 RAPID 代码匹配，为工作站仿真作准备。单击"基本"→单击"同步"，如图 5-165 所示→在同步对象后的方框里单击→单击"确定"，如图 5-166 所示。

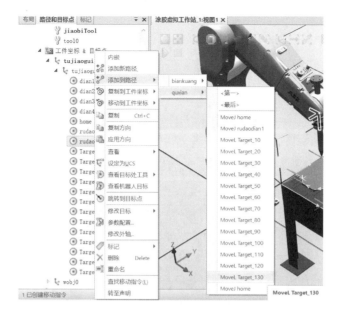

图 5-164　创建出刀点轨迹

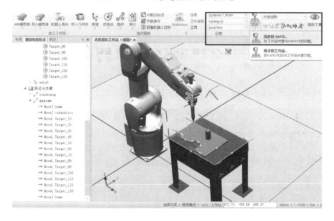

图 5-165　同步到 RAPID

图 5-166　设置工作站同步对象

▶**任务评价**

任务名称							
姓名		小组成员					
指导教师		完成时间			完成地点		
评价内容	自我评价			教师评价			
	掌握	知道	再学	优	良	合格	不合格
创建工件边框涂胶路径							
创建工件曲线涂胶路径							
工装整洁,工位干净;遵守纪律,爱护设备;全程操作规范,符合安全文明生产要求							

▶**任务拓展**

什么是机器人转弯区域数据

机器人转弯区域数据是指机器人运行到转弯区域时设置的区域值,单位为 mm,值越大转弯区域越大,机器人的动作路径就越圆滑与流畅。

(1)转弯区域数据设置为 fine,系统不会预读后续指令,本条指令运行完后才跳到下一条指令,机器人执行 fine 时,会有短暂停顿,但通常人眼分辨不出,如图 5-167 所示。

(2)转弯区域数据设置为 Z 时,系统会预读下一条指令,机器人根据设定好的转弯半径平滑流畅地运行,不会精确地经过当前的点位,也没有停顿,Z 后的数值越大转弯半径越大,Z50 转弯半径为 50 mm,如图 5-168 所示。Z200 转弯半径为 200 mm,如图 5-169 所示。

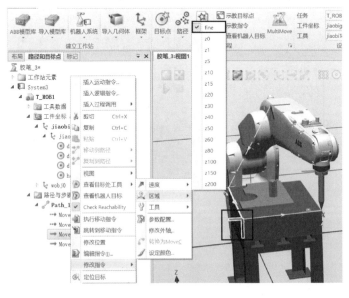

图 5-167　区域数据 fine

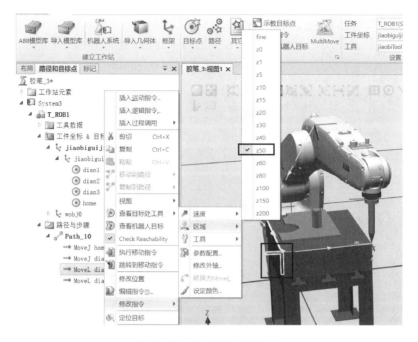

图 5-168　转弯区域数据 Z50

注意:Z0 的转弯半径为 0.3 mm,并不是 0 mm,因此它的执行效果与 fine 有本质区别,如图 5-170 所示。

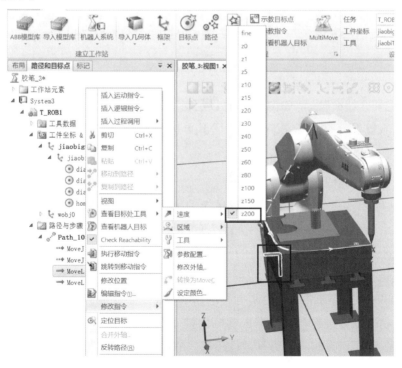

图 5-169　转弯区域数据 Z200

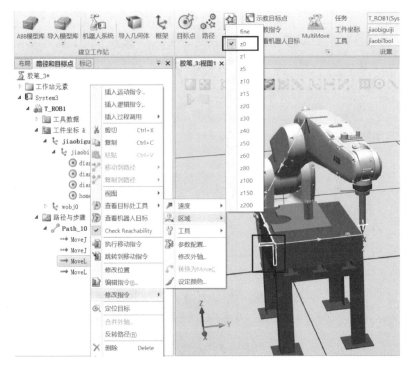

图 5-170　转弯区域数据 Z0

任务四　涂胶运动轨迹程序仿真运行

▶任务描述

本任务主要介绍涂胶运动轨迹的仿真设定与运行,为运动轨迹添加碰撞监控和 TCP 跟踪,并记录仿真过程,录制仿真视频,生成 EXE 可执行文件,导出播放。

▶相关知识

一、什么是工作站同步

将工作站对象(工件坐标、工具数据、路径 & 目标)同步到虚拟控制器时,路径将转换为相应的 RAPID 程序,目标点的相关信息将转换为数据类型为 robtarget 的实例,为工作站的仿真运行作准备。注意:同步到工作站,是将编写好的 RAPID 程序代码与工作站对象匹配,如图 5-171 所示。

二、仿真运行的碰撞模拟监控

RobotStudio 软件具有准确且切实可行的仿真性能,与实际应用的真实机器人程序、配置文件一致,仿真运行过程与在机器人实际的控制器上运行一致,合理运用仿真功能可以优化编程路径,缩短研发时间。仿真运行还有一个优点:可以进行碰撞模拟监控,检查机器人或工具是否与周围的设备或固定装置发生碰撞,如果发生碰撞,碰撞的对象会有颜色变化,需要调整位置或方向,直到碰撞解除为止,如图 5-172 所示。

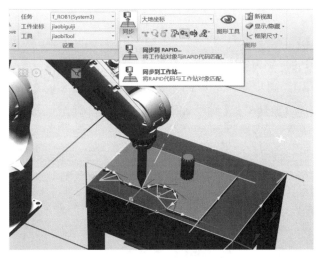

图 5-171　工作站同步

碰撞集有两组对象,分别是 ObjectA 和 ObjectB,可将需检测的对象放入其中以检测两组之间的碰撞,当 ObjectA 内的任何对象和 ObjectB 内的任何对象发生碰撞时,结果将显示在仿真运行视图中并记录在输出窗口内。可以设置多个碰撞集,通常将机器人和工具位于一组内,其他不与之发生碰撞的所有对象位于另一组内。

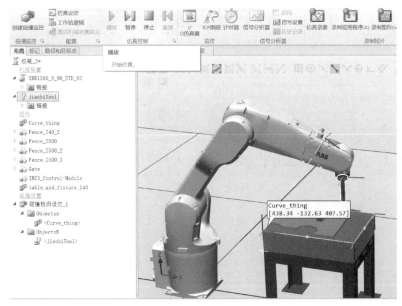

图 5-172　碰撞监控

▶任务实施

一、任务流程

仿真运行工作站→工作站仿真运行的监控→工作站仿真运行过程的记录。

二、具体操作

（一）仿真运行工作站

1. 将工作站对象同步到 RAPID

单击"基本"→单击"同步"→单击"同步到 RAPID"，如图 5-173 所示→勾选系统、任务、工件坐标、工具坐标、路径 & 目标点→单击"确定"，如图 5-174 所示。

工作站仿真运行

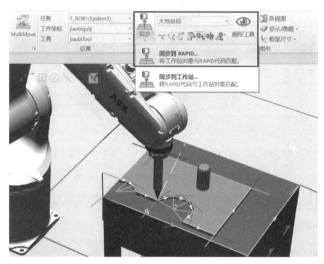

图 5-173　同步到 RAPID

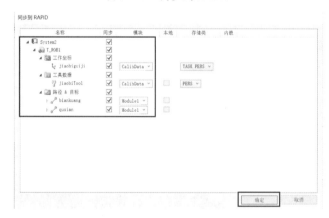

图 5-174　同步对象选择

2. 仿真设定

用于设定仿真的相关参数，设置仿真的初始状态，选择执行仿真的任务以及仿真的运行模式等。

单击"仿真"→单击"仿真设定"→勾选需要仿真的系统"System2"→勾选仿真的任务"T_ROB1"→单击运行模式为"单个周期"或"连续"，"单个周期"仿真运行一次，"连续"仿真一直运行直至手动停止，如图 5-175 所示。

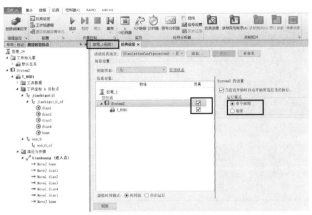

图 5-175 仿真设定

3. 仿真运行

（1）仿真运行边框"biankuang"轨迹

单击"仿真"→单击"仿真设定"→设置"T_ROB1"，进入点单击选择"biankuang"，如图 5-176 所示→单击"关闭"→单击"仿真控制"右下角的向下箭头→单击设置"模拟速度"→单击设置"仿真时步"→单击指定物理仿真时步→单击"确定"，如图 5-177 所示→单击仿真控制"播放""暂停""停止""重置"，如图 5-178 所示，同时观察仿真效果。

图 5-176 T_ROB1 的仿真设置

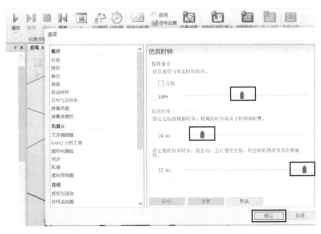

图 5-177 仿真控制设置

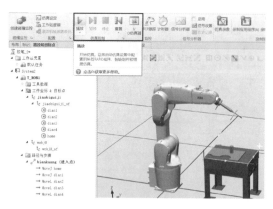

图 5-178　仿真运行"biankuang"轨迹

（2）仿真运行曲线"quxian"轨迹：单击"仿真"→单击"仿真设定"→进入点选择"quxian"，如图 5-179 所示→仿真控制单击"播放""暂停""停止""重置"，如图 5-180 所示，同时观察仿真效果。

（3）同时仿真运行边框"biankuang"和曲线"quxian"轨迹。

仿真设定的进入点默认是"main"，可根据需要调整进入点，设定为进入点的即为当前仿真路径，如果需要同时仿真多个路径，则需要将路径放入"main"程序，且进入点设为"main"。

创建"main"路径，单击"路径和目标点"→单击"路径与步骤"→单击右键→单击"创建路径"→单击"Path_30"→ 单击右键→单击"重命名"→输入路径名称"main"，如图 5-181 所示。

图 5-179　T_ROB1 的仿真设置

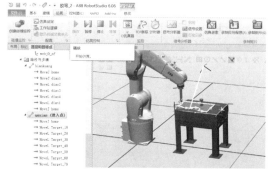

图 5-180　仿真运行"quxian"轨迹

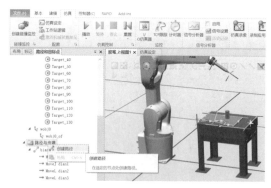

图 5-181　创建"main"路径

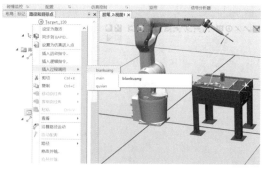

图 5-182　插入"biankuang"

在"main"路径里插入过程调用"biankuang"轨迹，单击"main"→单击右键→单击"插入过程调用"→单击"biankuang"，如图 5-182 所示。在"main"路径里插入过程调用"quxian"轨迹，单击"main"→单击右键→单击"插入过程调用"→单击"quxian"，如图 5-183 所示。两个路径插入完成，如图 5-184 所示。

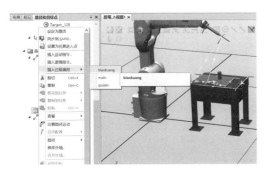

图 5-183 插入"quxian"

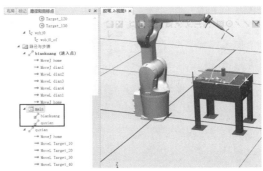

图 5-184 路径插入完成

仿真运行边框"biankuang"和曲线"quxian"轨迹,单击"仿真"→单击"仿真设定"→进入点选择"main",如图 5-185 所示→仿真控制单击"播放""暂停""停止""重置",同时观察仿真效果。

(二)工作站仿真运行的监控

工作站仿真运行时,监控 TCP 的轨迹和轨迹运行时的 I/O 信号等,可以直观显示运行情况便于更好地规划修改离线轨迹程序。

1. TCP 跟踪

在仿真期间,展示机器人移动的路径。单击"仿真"→单击"监控"→单击"TCP 跟踪"→启用 TCP 跟踪→设置跟踪信号显示颜色等相关参数,如图 5-186 所示。

图 5-185 仿真设定

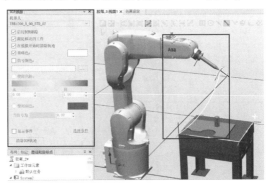

图 5-186 TCP 跟踪

2. I/O 信号仿真器

程序运行时,可以查看和设定 I/O 信号、组和交叉连接情况。单击"仿真"→单击"监控"→单击"I/O 仿真器"→选择需要查看和设定的 I/O 信号,如图 5-187 所示。

3. 计时器

测量触发起点到触发终点之间的时间,可以更改仿真开始和停止的触发方式。

单击"仿真"→单击"监控"→单击"计时器"→根据需要设置相关参数,如图 5-188 所示。

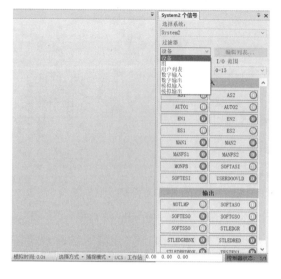

图 5-187　I/O 信号仿真器

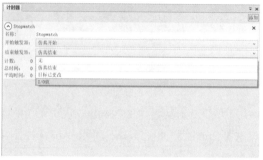

图 5-188　计时器设置

4.碰撞监控

创建碰撞监控,单击"仿真"→单击"创建碰撞监控"→单击"碰撞检测设定_1"→单击右键→单击"启动",如图 5-189 所示,单击碰撞监控的向下箭头→在选项框中设置相关参数,如图 5-190 所示。

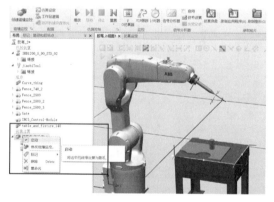

图 5-189　创建碰撞监控

图 5-190　设置碰撞相关参数

添加碰撞集对象,单击"Curve_thing"选中工作站工件→按住鼠标左键不放拖拽到"Ob-jectsA"→单击"jiaobiTool"选中工作站工具→按住鼠标左键不放拖拽到"ObjectsB",如图 5-191所示,单击"碰撞检测设定_1"→单击右键→单击"修改碰撞监控"设置接近距离、碰撞显示颜色、碰撞点显示标记、检测不可见对象之间的碰撞等→单击"应用"→单击"关闭",如图 5-192 所示。

运行仿真,工作站运行过程中工件和工具存在碰撞,如图 5-193 所示。工作站运行过程中工件和工具没有碰撞,如图 5-194 所示。

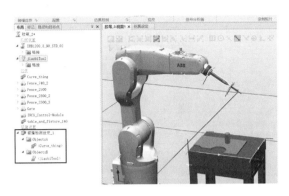

图 5-191　添加碰撞集对象

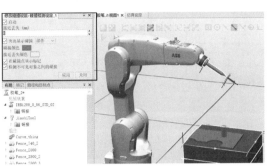

图 5-192　修改碰撞监控

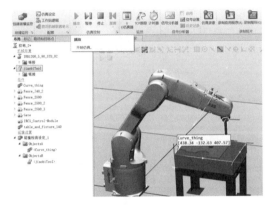

图 5-193　存在碰撞

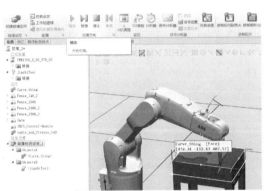

图 5-194　没有碰撞

（三）工作站仿真运行过程的记录

将工作站中工业机器人的仿真运行情况录制成视频,以便在没有安装 RobotStudio 的计算机中查看运行过程。录制短片,可以对仿真、应用程序、图形进行录像,查看录像即可重放最后一次录制的内容。

仿真录像

单击"仿真"→单击"仿真录像""录制应用程序""录制图形",如图 5-195 所示。单击录制短片右下角的向下箭头→设置屏幕录像相关参数→设置录像保存路径,如图 5-196 所示→单击"确定"→单击"查看录像",可查看最近一次录制的内容。

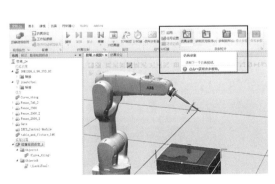

图 5-195　录制短片

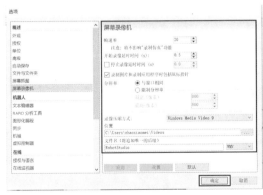

图 5-196　仿真录制参数设置

▶任务评价

任务名称							
姓名		小组成员					
指导教师		完成时间			完成地点		
评价内容	自我评价			教师评价			
	掌握	知道	再学	优	良	合格	不合格
仿真运行工作站							
工作站仿真运行的监控							
工作站仿真运行过程的记录							
工装整洁,工位干净;遵守纪律,爱护设备;全程操作规范,符合安全文明生产要求							

▶任务拓展

在没有安装 RobotStudio 软件的计算机上查看工作站文件

使用 RobotStudio 的"录制视图"功能,可以生成演示 3D 工作站的 EXE 文件,在没有安装 RobotStudio 的计算机上演示 3D 工作站,也可以播放仿真录像。

具体方法:单击"仿真"→单击"仿真控制"→单击"播放"→单击"录制视图",如图 5-197 所示→另存为 ＊.exe 文件→单击"保存",如图 5-198 所示→工作站录制的文件运行,如图 5-199 所示。

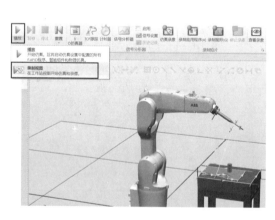

图 5-197　录制视图

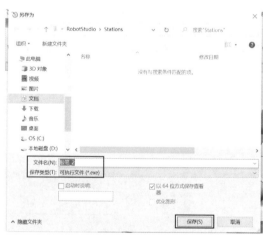

图 5-198　另存为可执行文件

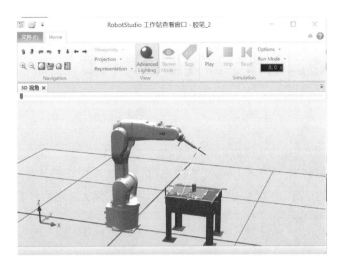

图 5-199　工作站录制文件播放

▶项目练习

按以下要求创建工业机器人叶轮虚拟涂胶工作站：

（1）新建空工作站解决方案，名称为"yelun"，位置为 D 盘根目录。

（2）导入 IRB120 型机器人，导入"pen"工具，并装配到机器人法兰盘上，导入工件固定装置"table_and_fixture_140"，导入叶轮模型"propeller"，根据已有布局创建机器人系统，系统名称为"yelunlujin"。

（3）为"pen"工具定义工具坐标，为"propeller"工件定义工件坐标。

（4）在叶轮表面创建自动路径"yelunyuan"，如图 5-200 所示。

（5）仿真运行"yelunyuan"路径并录像，导出播放。

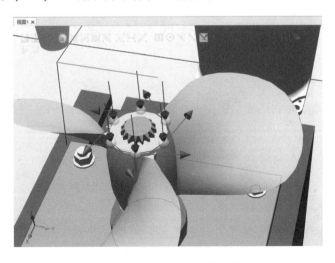

图 5-200　叶轮表面自动涂胶路径

项目六　搬运工作站离线编程与仿真

▶项目描述

　　本项目主要介绍利用 ABB – IRB120 机器人将四个正方形物料从垛台 A 搬运到垛台 B，依次完成吸盘工具的创建、创建搬运工作站、新建例行程序及创建程序数据、输入离线搬运程序，最终完成整个搬运工作。

▶学习目标

　　知识目标

　　了解 ABB 工业机器人吸盘工具的作用；

　　了解 ABB 工业机器人仿真软件的工具创建功能；

　　了解 ABB 工业机器人的程序数据创建；

　　了解 ABB 工业机器人的程序编写和调试。

　　技能目标

　　能创建吸盘工具；

　　能创建搬运工作站；

　　能创建并记录搬运离线目标点；

　　能完成离线搬运程序的编写和仿真。

任务一　吸盘工具的创建

▶任务描述

　　本任务主要介绍如何利用项目四中的工具模型创建吸盘工具，使吸盘工具能像 Robstudio 工具模型库中的工具一样，能够成功安装到机器人法兰盘末端并保证坐标方向一致，并且能够在工具的末端自动生成工具坐标系。

▶相关知识

　　什么是工业机器人中的吸盘工具

　　ABB 工业机器人拥有全套先进的码垛机器人解决方案，结合仓库储存条件，将物品码放成一定的货垛。ABB 工业机器人不仅有标准的码垛夹具，对于一些质量较轻的小型货物可以利用吸盘式工具进行垛物堆放。吸盘工具的工作原理：利用吸盘末端抽取真空从而成功吸附物体，然后作相应的线性或单轴运动以达到运送货物的目的。

▶任务实施

一、任务流程

导入吸盘工具,创建本地原点→在工具末端创建一个工具坐标系框架,作为机器人的工具坐标系→创建工具→安装工具。

二、具体操作

1.导入吸盘工具,创建本地原点

涂胶工具模型使用项目四里创建的吸盘模型。

导入吸盘工具
创建本地原点

(1)导入吸盘工具:单击"文件"→单击"新建"→单击"空工作站"新建工作站,如图6-1所示→单击"导入模型库",在出现的下拉菜单中单击"浏览库文件",如图6-2所示→单击"吸盘工具"模型,如图6-3所示→成功导入,如图6-4所示→右键单击吸盘工具,在下拉菜单中单击"断开与库的连接",如图6-5所示。

图6-1　新建工作站

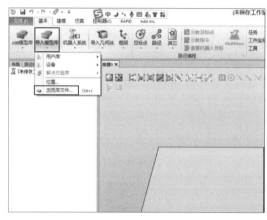

图6-2　导入模型库

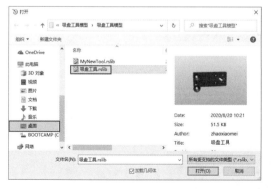

图6-3　打开吸盘工具模型

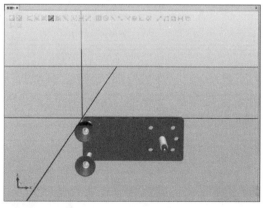

图6-4　成功导入

(2)捕捉中心点:右键单击"吸盘工具",在下拉菜单中单击"位置"→单击"放置"→单击"三点法",如图6-6所示→在工具栏中单击"捕捉中心",如图6-7所示→单击"主点框架",选择x轴主点→单击"从点框架",选择x轴从点,并将到点的距离设成"100"→单击"y

轴从点",并将到点的距离设成"100"→单击"应用",如图 6-8 所示→右键单击"吸盘工具",在下拉菜单中单击"位置"→单击"旋转",如图 6-9 所示→单击"x 轴",输入"180°",如图 6-10所示→单击"y 轴"输入"180°",如图 6-11 所示→单击"移动"拖动工具模型,如图 6-12 所示→拖动到合适位置,如图 6-13 所示。

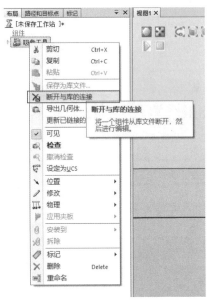

图 6-5　断开与库的连接

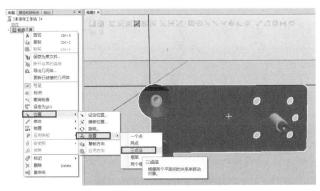

图 6-6　放置吸盘工具模型

注意:在工作站中,需要将工具的法兰盘中心位置设置为和大地坐标系的原点位置重合,所以需要把工具放置到合适位置去设置法兰盘的中心位置,如图 6-6 所示。

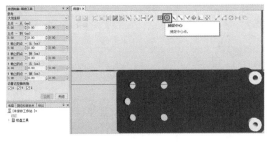

图 6-7　选择"捕捉中心"

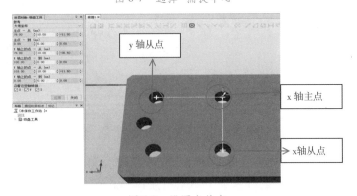

图 6-8　设置主从点

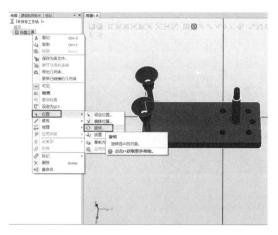

图 6-9　改变工具位置

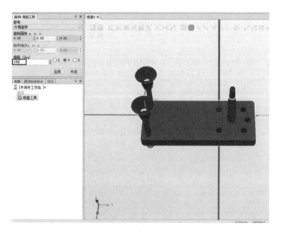

图 6-10　x 轴旋转 180°

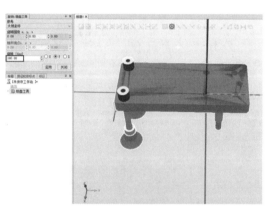

图 6-11　y 轴旋转 180°

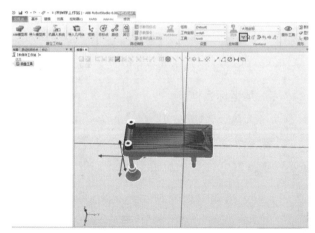

图 6-12　拖动工具模型

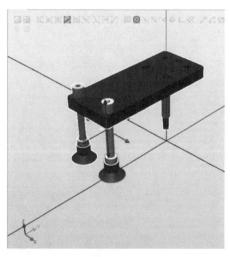

图 6-13　拖动到合适位置

（3）创建本地原点：右键单击"吸盘工具"，在下拉菜单中单击"修改"→单击"设定本地原点"，如图 6-14 所示→找到中心点位置，如图 6-15 所示→将 y 方向数值设成 12.5 mm，如

189

图 6-16 所示→设定成功,如图 6-17 所示→右键单击"吸盘工具",在下拉菜单中单击"位置"→单击"设定位置",如图 6-18 所示。

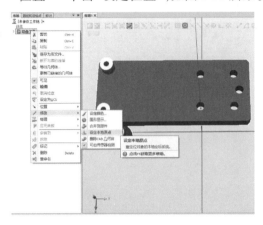

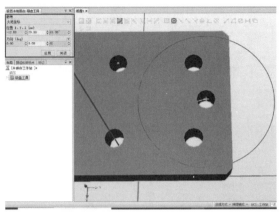

图 6-14　设定本地原点　　　　　　　　　　图 6-15　找到中心点

　　说明:由于法兰中心位于中心点的左侧 16.5 mm,固需要修改 y 方向的值为"12.5",如图 6-16 所示。

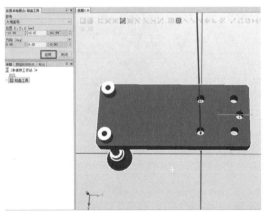

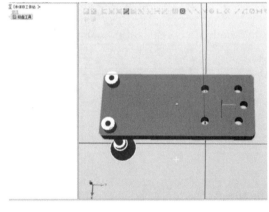

图 6-16　修改 y 方向数值　　　　　　　　　图 6-17　设定成功

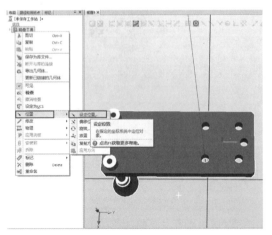

图 6-18　设定本地原点

2. 在工具末端创建一个工具坐标系框架

　　单击"吸盘工具",如图 6-19 所示→单击"位置"→单击"旋转"→在 x 方向输入"180°",如图 6-20 所示→单击"吸盘工具"→单击"单吸",如图 6-21 所示→单击"物体",调整物体位置→捕捉中心,如图 6-22 所示→完成。

创建工具坐标系

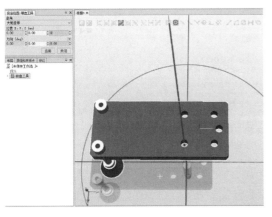

图 6-19　选择"吸盘工具"

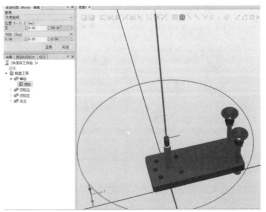

图 6-20　x 方向旋转 180°

图 6-21　选择"单吸"

图 6-22　捕捉中心

3. 创建工具

单击"创建工具",如图 6-23 所示→输入名称"mynewtool",如图 6-24 所示→单击"使用已有的部件",如图 6-25 所示→单击"选择框架",如图 6-26 所示→单击位于中间的箭头方框,可在右边查看 TCP 为"mynewtool"→单击"完成",如图 6-27 所示。

创建工具

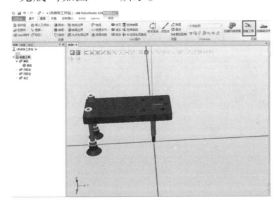

图 6-23　创建工具

图 6-24　编辑名称为"mynewtool"

图 6-25　选择"使用已有的部件"

图 6-26　单击"选择框架"

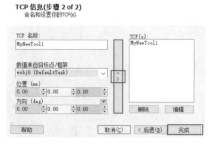

图 6-27　选择"完成"

4. 安装工具

单击"基本"→单击"ABB 模型库"→单击"IRB120 机器人"，如图 6-28 所示→基础工作站建设完成，如图 6-29 所示→单击"mynewtool"拖动到机器人上，如图6-30所示→单击"是"，如图6-31 所示。

安装工具

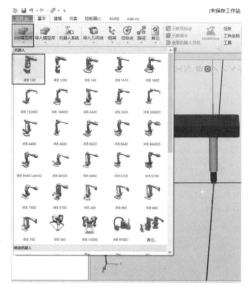

图 6-28　选择"IRB120 机器人"

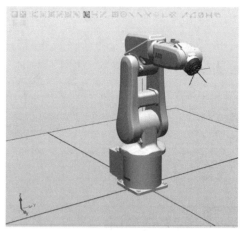

图 6-29　基础工作站建设

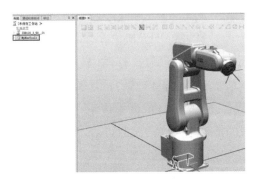

图 6-30　单击"mynewtool"拖动到机器人上　　　　图 6-31　单击"是"完成

▶任务评价

任务名称							
姓名		小组成员					
指导教师		完成时间			完成地点		
评价内容	自我评价			教师评价			
	掌握	知道	再学	优	良	合格	不合格
导入吸盘工具,创建本地原点							
在工具末端创建一个工具坐标系框架							
创建工具							
安装工具							
工装整洁,工位干净;遵守纪律,爱护设备;全程操作规范,符合安全文明生产要求							

▶任务拓展

3D 建模功能

　　使用 RobotStudio 进行机器人的仿真验证时,如果工作站机器人的节拍、到达能力等对周边模型要求不是非常细致或较高时,我们可以使用简单的等同实际大小的基本模型进行代替,从而节约仿真的时间,提高工作效率。

　　在 RobotStudio 3D 建模功能中,在"基本"功能选项中可导入系统模型库中的"设备",在"建模"功能选项中选择"固体"可选择想要导入的几何体形状,一般有矩形体、圆锥体、圆柱体、锥体、球体等可选择。对已选的几何体设置相应的参数,如选择矩形体则设置长、宽、高等,设置完成后单击"创建"即可。生成的几何体便作为工作站中的"部件",可在左侧的菜单栏查看。

　　在 RobotStudio 3D 建模功能中,可以对已有部件进行放置。选中所要放置的"部件",单击右键,选择"位置"→"放置"→"选择",根据柱体特征可选择"一个点""两个点""三点"

或框架进行放置。单击左上角"大地坐标"选项中的"主点－从"方框,选择矩形体上表面中心,单击"应用",完成对柱体的摆放。

3D 模型创建完成后,选中模型单击右键,可以对其进行颜色、移动、显示等相关设置。如果在仿真中有多个几何体,可以把多个几何体结合成一个整体然后再导出。在"建模"功能选项卡中单击"结合",选择相应的模型进行结合,单击"创建"即完成组合。组合后的几何体会生成新的部件,并且新生成的部件和原来的部件重合,移开即可显示新的部件。

任务二　创建搬运工作站

▶任务描述

本任务主要介绍如何创建搬运工作站,导入任务一中带有吸盘工具的 IRB120 机器人,创建码垛平台 A、码垛平台 B、物料 1、物料 2、物料 3、物料 4,并使 4 个物料均匀分布在码垛平台 A 的 4 个角,完成 Smart 组件的设置让吸盘工具能够实现吸取和放置物料。

▶相关知识

什么是 Smart 组件

机器人动态仿真是离线编程系统的重要组成部分,它能逼真地模拟机器人的实际工作过程,为编程者提供直观的可视图形,进而检验编程的正确性和合理性。

工业机器人进行动态仿真时,往往需要生成动画,方可实现对机器人所有功能进行有效模拟和仿真。针对这种需求,ABB 机器人虚拟仿真软件 Robotstudio 提供了一个专门用于生成动画效果的 Smart 组件。Smart 组件可以仿真出机器人夹取产品、吸取物料、产品运动等功能,让设计直观地展示出来。

▶任务实施

一、任务流程

在工作站中添加矩形体垛台 A 和圆柱形垛台 B 以及 4 个物料→利用吸盘工具单吸创建 Smart 组件→利用吸盘工具单吸实现对物料吸取和放置的仿真。

二、具体操作

1. 在工作站中添加矩形体垛台 A 和圆柱形垛台 B 以及 4 个物料

（1）添加垛台 A:单击"建模",如图 6-32 所示→单击"固体"→单击"矩形体",如图 6-33 所示→设置几何体尺寸,长度输入"250",宽度输入"250",高度输入"300",单击"创建",如图 6-34 所示→工作站成功导入几何体,如图

添加垛台 A

6-35所示→单击"拖动"标识，如图 6-36 所示→拖动到合适位置，如图 6-37 所示→右键单击"组件"，将名称修改为"垛台 A"，如图 6-38 所示→右键单击"垛台 A"→单击"修改"→单击"设定颜色"，如图 6-39 所示→单击"绿色"，颜色设置完成，如图 6-40 所示。

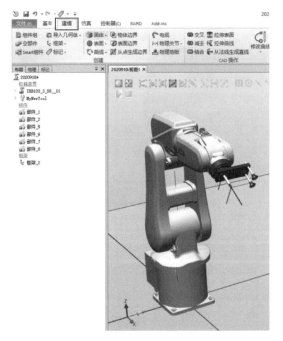

图 6-32　新建模型

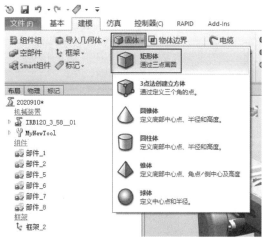

图 6-33　选择"矩形体"

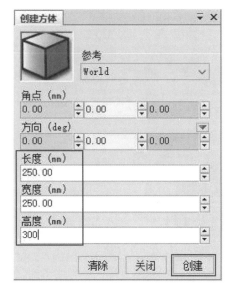

图 6-34　设置几何体尺寸

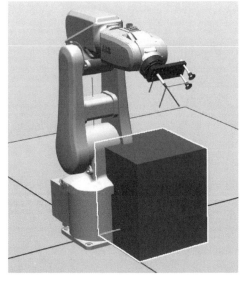

图 6-35　工作站导入几何体

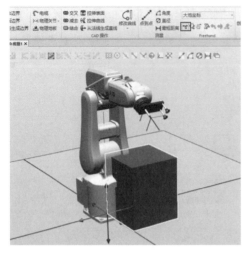

图 6-36　单击"拖动"标识

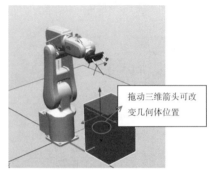

图 6-37　拖动到合适位置

图 6-38　修改名称为"垛台 A"

图 6-39　选择"设定颜色"

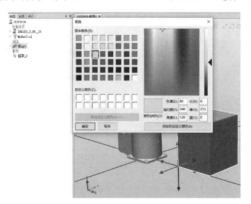

图 6-40　设置为绿色

（2）添加垛台 B：单击"建模"→单击"固体"→单击"圆柱体"，如图 6-41
所示→设置几何体尺寸，半径输入"125"，直径输入"250"，高度输入"350"，
单击"创建"，如图 6-42 所示→工作站成功导入几何体，如图 6-43 所示→将颜
色设置为粉色，拖动圆柱体到合适位置，更改圆柱体名称为"垛台 B"→右键
单击"IRB120_3_58_01"机器人→单击"显示机器人工作区域"，如图 6-44 所
示→单击"移动"标识，移动垛台 B 位置使其在机器人工作区域内，如图6-45所示。

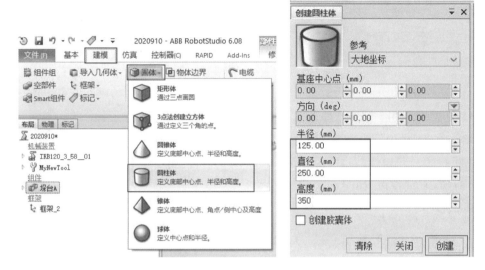

图 6-41　选择"圆柱体"　　　　　　　　　　图 6-42　设置圆柱体尺寸

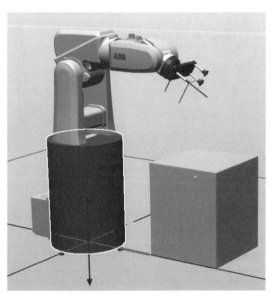

图 6-43　导入几何体

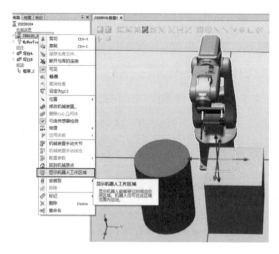

图 6-44 显示机器人工作区域

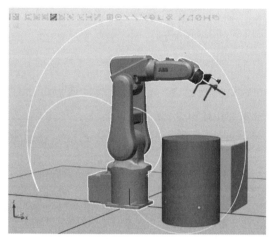

图 6-45 移动垛台 B 到工作区域

（3）添加物料：用上述方法添加 4 个物料，将物料形状设为"柱形体"，长度为"50"，宽度为"50"，高度为"20"，颜色为"灰色"。将 4 个物料放置到垛台 A 上的 4 个顶点处，边与边平行。可先放置两个物料，如图 6-46 所示。最终完成 4 个物料的摆放，如图 6-47 所示。

添加物料

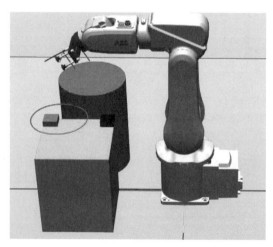

图 6-46 摆放物料

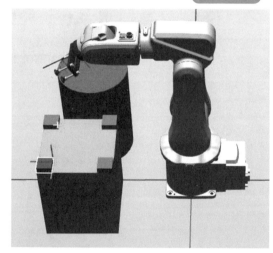

图 6-47 物料摆放完成

2.利用吸盘工具单吸创建 Smart 组件

（1）安装对象 Attacher 和拆除对象 Detacher。单击"建模"→单击"Smart 组件"，如图 6-48 所示→单击"Smartconmponent2"，如图 6-49 所示→将名称改为"SmartGJ"，如图 6-50 所示→单击"组成"→单击"添加组件"，如图 6-51 所示→单击"动作"→单击"Attacher"，如图 6-52 所示→添加"Detacher"，安装一个对象"Attacher"，拆除一个安装对象"Detacher"，如图 6-53 所示→将"Attacher"属性更改为工具"MyNewTool"，如图 6-54 所示。

创建Smart组件

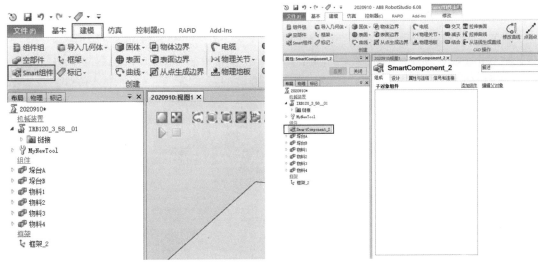

图 6-48 新建"Smart 组件" 　　　　图 6-49 单击所创建的"Smart 组件"

图 6-50 修改名称 　　　　图 6-51 添加组件

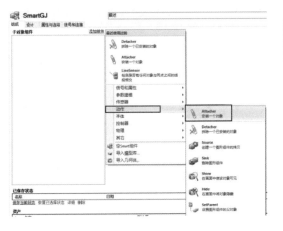 

图 6-52 选择安装"Attacher" 　　　　图 6-53 拆除安装对象"Detacher"

（2）添加线传感器 Linesensor 。添加线传感器 Linesensor 并放置吸盘表面中心位置：单击"组成"→单击"添加组件"→单击"传感器"→单击"Linesensor"，如图 6-55 所示→添加组件完成，如图 6-56 所示→捕捉吸盘末端中心位置→设置传感器起点和终点以及半径（起点为吸盘末端中心位置，终点 z 轴相差 2 mm，半径设为 1 mm），如图 6-57 所示→传感器设置完成，如图 6-58 所示→单击"MyNewTool"→，单击"可由传感器检测"，如图 6-59 所示。

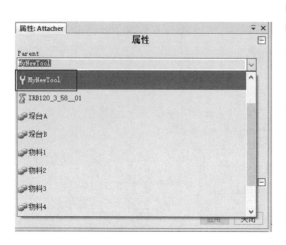

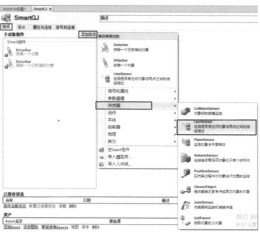

图 6-54　将"Attacher"属性更改为"MyNewTool"　　　图 6-55　选择传感器"Linesensor"

注意：因为传感器的位置位于吸盘末端，因此其始终能感应工具，而设置的线传感器应工作于物料，故需要将工具设置成不可由传感器检测。

（3）将组件信号和组件对象进行连结。观察工具末端传感器，如图 6-60 所示→单击"属性与连接"→在对话框中"源对象"勾选"SmartGJ"→单击"添加连结"，如图 6-61 所示→在对话框中"源对象"选择"LineSensor_1"，"目标对象"选择"Attacher"，"目标属性或信号"选择"Child"，如图 6-62 所示→单击"添加连结"→在对话框中"源对象"选择"Attacher"，"目标对象"选择"Detacher"，如图 6-63 所示→单击"确定"，完成信号和组件对象的连结。

图 6-56　添加组件

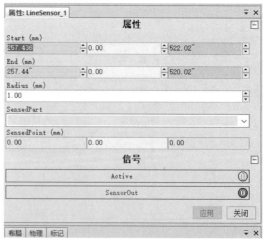

图 6-57　设置传感器属性

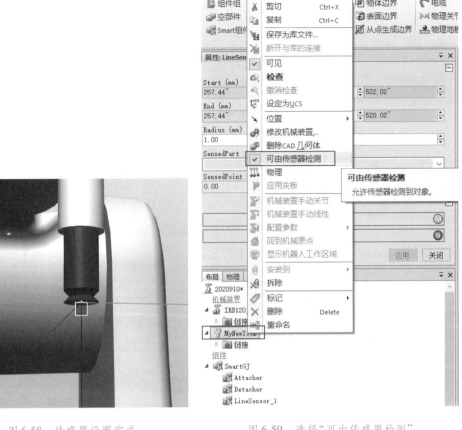

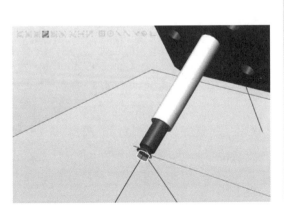

图 6-58　传感器设置完成

图 6-59　选择"可由传感器检测"

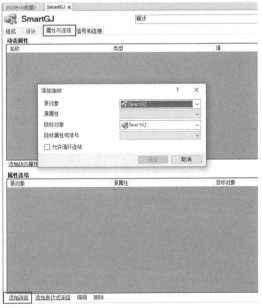

图 6-60　观察工具末端传感器

图 6-61　添加连结

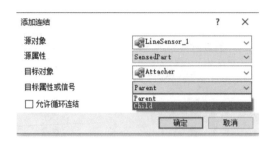

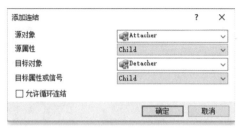

图 6-62　勾选"Child"　　　　　　　图 6-63　勾选"Detacher"

（4）将机器人信号和仿真组件的信号进行连接。

①添加输入信号和输出信号：单击"信号和连接"，如图 6-64 所示→对话框中"信号类型"选择"Digitalinput"，"信号名称"输入"Grip"，"信号值"设为"0"→单击"确定"，如图 6-65所示→运用上述方法添加输出信号（Digitaloutput）"Vacunm"，如图 6-66 所示→设置成功可见信号"Grip"和"Vacunm"，如图 6-67 所示。

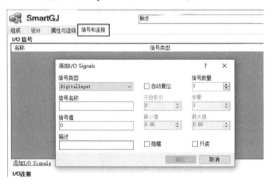

图 6-64　单击"信号和连接"　　　　　图 6-65　信号输入

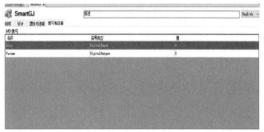

图 6-66　添加输出信号　　　　　　　图 6-67　设置成功

②信号连接：单击"信号和连接"，如图 6-68 所示→对话框中"目标对象"选择"LineSensor_1"→单击"确定"，如图 6-69 所示→用上述方法连接"LineSensor_1"和"Attacher"，如图 6-70所示。

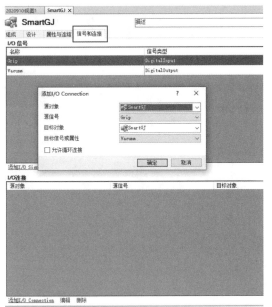

图 6-68　选择"信号和连接"　　　　　　图 6-69　勾选"LineSensor_1"

图 6-70　连接"LineSensor_1"和"Attacher"　　图 6-71　选择逻辑运算与"LogicGate"

③添加逻辑组件并将信号连接：单击"添加组件"→单击"信号和属性"→单击"Log-icGate"（逻辑运算与），如图 6-71 所示→将与运算改为非运算（Detacher 拆除时输入信号 Grip 为 0，Vacunm 为 0），如图 6-72 所示→单击"LogicGate"→"Operator"选择"NOT"，如图 6-73 所示→关联"SmartGJ"和"LogicGate[NOT]"，如图 6-74 所示→关联"LogicGate[NOT]"和"Detacher"，如图 6-75 所示→组件中添加逻辑复位（LogicSRLatch）运算（拆除时信号复位），如图 6-76 所示→关联"Attacher"和"LogicSRLatch"，如图 6-77 所示→关联"Detacher"和"LogicSRLatch"，如图 6-78 所示→关联"LogicSRLatch"和"SmartGJ"，如图 6-79 所示→信号连接完成，如图 6-80 所示。

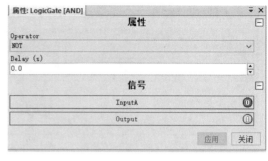

图 6-72　修改逻辑运算(与改为非)　　　　　　图 6-73　输入属性

图 6-74　关联"SmartGJ"和"LogicGate[NOT]"　　图 6-75　关联"LogicGate[NOT]"和"Detacher"

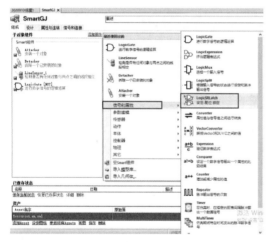

图 6-76　添加逻辑复位　　　　　　图 6-77　关联"Attacher"和"LogicSRLatch"

图 6-78　关联"Detacher"和"LogicSRLatch"　　图 6-79　关联"LogicSRLatch"和"SmartGJ"

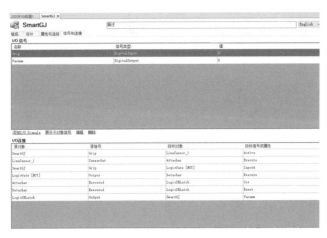

图 6-80   信号连接完成

3. 利用吸盘工具单吸实现对物料的吸取和放置的仿真

移动机器人各轴使工具末端 Tcp 位于物料上方(贴近物料)→单击"Smart 组件"→单击"SmartGJ"→单击"属性"→单击"Grip"(粘合物料),如图 6-81 所示→信号为"1"且真空信号 Vacunm 为"1"(说明成功粘合物料),如图 6-82 所示→线性移动机器人→物料与吸盘末端粘连并随机器人法兰盘移动而移动,如图 6-83 所示→单击"Grip"(放开物料),如图 6-84 所示→线性移动机器人→物料不再随机器人法兰盘移动而移动。

吸取和放置
物料的仿真

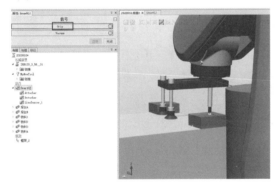

图 6-81   单击"Grip"(粘合物料)

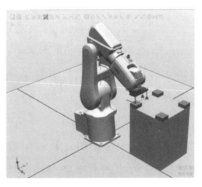

图 6-82   检查是否成功粘合物料

图 6-83   选择"线性移动"

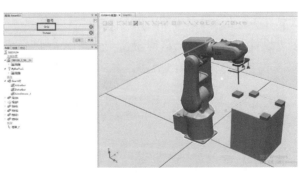

图 6-84   单击"Grip"(放开物料)

▶任务评价

任务名称							
姓名		小组成员					
指导教师		完成时间			完成地点		
评价内容	自我评价			教师评价			
	掌握	知道	再学	优	良	合格	不合格
在工作站中添加矩形体垛台 A 和圆柱形垛台 B 以及 4 个物料							
摆放物料							
利用吸盘工具单吸创建 Smart 组件							
利用吸盘工具单吸实现对物料吸取和放置的仿真							
工装整洁,工位干净;遵守纪律,爱护设备;全程操作规范,符合安全文明生产要求							

▶任务拓展

3D 智能型全方位数字化工厂仿真软件—Visual Components

Visual Components 是由荷兰 Visual Components 公司开发的一套数字化工厂仿真软件,软件提供了数字化工厂套件,让用户可以轻易布局虚拟设备,高精准地操作、验证与分析;甚至可以高效地处理非常大的模型数据(整机设备)、复杂外观、渲染光影效果等。其中,Visual Components 3DAutomate 包含了 ABB、ADEPT、COMAU DENSO EPSON、FANUC、KU-KA、KAWASAKI、MITSUBISHI、STAUBLI、TOSHIBA、TRICEPT 及 YASKAWA 等 17 种以上品牌的、超过 800 种机器人模型,具有机器人程序的编辑功能,可对机器人进行示教,也可以离线编程。软件提供多行业的机器人工艺应用,包括焊接、喷漆、喷砂、去毛刺及打磨等,并且都具有较完整的功能,方便用户直接调用。同时支持第三方 CAD 软件绘制模型数据导入、快速创建、定义及测试机器人元件、实时观测系统运行结果。它适合数字化智能制造工厂的规划设计与模拟仿真,科研院所与高校智能制造工厂实验室建设方案设计,学生学习智能制造工厂的设计与模拟仿真。

任务三　新建例行程序及创建程序数据

▶任务描述

本任务主要介绍在本工作站中如何创建相关程序数据。新建例行程序,包括主程序

main、初始化 Iinital 程序、拾取程序 pick、放置程序 place。

▶相关知识

一、ABB 机器人程序数据

程序内声明的数据被称为程序数据。数据是信息的载体,它能够被计算机识别、存储和加工处理。它是计算机程序加工的原料,应用程序处理各种各样的数据。计算机科学中,所谓数据就是计算机加工处理的对象,它可以是数值数据,也可以是非数值数据。数值数据是一些整数、实数或复数,主要用于工程计算、科学计算和商务处理等;非数值数据包括字符、文字、图形、图像、语音等。大家可以了解 ABB 机器人编程会使用到的程序数据类型,以及如何创建程序数据。

程序数据是在程序模块或系统模块中设定值和定义一些环境数据。创建的程序数据由同一个模块或其他模块指令进行引用。如图 6-85 所示, 虚线框中是一条常用的机器人关节运动的指令(MoveJ),并调用了 4 个程序数据,如表 6-1 所示。

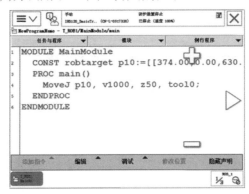

图 6-85　关节运动指令

表 6-1　程序数据

程序数据	数据类型	说明
p10	robtarget	机器人运动目标位置数据
v1000	speeddata	机器人运动速度数据
z50	zonedata	机器人运动转弯数据
too10	tooldata	机器人工具数据 TCP

程序数据的建立一般可以分为两种形式:一种是直接在示教器中的程序数据画面中建立程序数据;另一种是在建立程序指令时,同时自动生成对应的程序数据。ABB 机器人的程序数据共有 100 个左右,并且可以根据实际情况进行程序数据的创建,为 ABB 机器人的程序设计带来了无限的可能,如图 6-86 所示。

图 6-86　程序数据

在示教器中的"程序数据"窗口,可查看和创建所需要的程序数据,如表6-2所示。

表 6-2　数据设定参数

数据设定参数	说明
名称	设定数据的名称
范围	设定数据可使用的范围
存储类型	设定数据的可存储类型
任务	设定数据所在的任务
模块	设定数据所在的模块
例行程序	设定数据所在的例行程序
维数	设定数据的维数
初始值	设定数据的初始值

二、ABB 机器人程序数据类型

1. 变量 VAR

变量型数据在程序执行的过程中和停止时,会保持当前的值。但如果程序指针复位或者机器人控制器重启,数值会恢复为声明变量时赋予的初始值。

举例说明:

VAR num length : = 0;名称为 length 的变量型数值数据

VAR string name : = "Tom";名称为 name 的变量型字符数据

VAR bool finished : = FALSE;名称为 finished 的变量型布尔量数据

说明:VAR 表示存储类型为变量。num 表示声明的数据是数字型数据(存储的内容为数字)。在声明数据时,可以定义变量数据的初始值。如:length 的初始值为 0,name 的初始值为 Tom,finished 初始值为 FALSE。

注意:在程序中执行变量型程序数据的赋值,在指针复位或者机器人控制器重启后,都将恢复为初始值。

2. 可变量 PERS

PERS 表示存储类型为可变量。无论程序的指针如何变化,无论机器人控制器是否重启,可变量型的数据都会保持最后赋予的值。在程序执行以后,赋值的结果会一直保持到下一次对其进行重新赋值。

举例说明:

PERS num numb : = 1;名称为 numb 的数值数据

PERS string text : = "Hello";名称为 text 的字符数据

3. 常量 CONST

常量的特点是在定义时已赋予了数值,并不能在程序中进行修改,只能手动修改。存储类型为常量的程序数据,不允许在程序中进行赋值的操作。

举例说明:

CONST num gravity : = 9.81; 名称为 gravity 的数值数据

CONST string greating : = "Hello";名称为 greating 的字符数据

三、ABB 机器人常用程序数据说明

1. 数值数据 num

num 用于存储数值数据;例如,计数器。

num 数据类型的值可以为:

整数;例如, -5。   小数;例如,3.45。

也可以用指数形式写入:

例如,2E3(= 2 * 10^3 = 2 000),2.5E - 2(= 0.025)。

整数数值,始终将 - 8 388 607 与 + 8 388 608 之间的整数作为准确的整数储存。小数数值仅为近似数字,因此,不得用于等于或不等于对比。若使用小数的除法和运算,则结果也将为小数。

2. 逻辑值数据 bool

bool 用于存储逻辑值(真/假)数据,即 bool 型数据值可以为 TRUE 或 FALSE。

3. 字符串数据 string

string 用于存储字符串数据。字符串是由一串前后附有引号("")的字符(最多80个)组成,例如,"This is a character string"。如果字符串中包括反斜线(\),则必须写两个反斜线符号,例如,"This string contains a \\ character"。

4. 位置数据 robtarget

robtarget(robot target)用于存储机器人和附加轴的位置数据。位置数据的内容是在运动指令中机器人和外轴将要移动到的位置。

5. 关节位置数据 jointtarget

jointtarget 用于存储机器人和附加轴的每个单独轴的角度位置。通过 moveabsj 可以使机器人和附加轴运动到 jointtarget 关节位置处。

6. 速度数据 speeddata

speeddata 用于存储机器人和附加轴运动时的速度数据。速度数据定义了工具中心点移动时的速度,工具的重定位速度,线性或旋转外轴移动时的速度。

7. 转角区域数据 zonedata

zonedata 用于规定如何结束一个位置,也就是在朝下一个位置移动之前,机器人必须如何接近编程位置。可以以停止点或飞越点的形式来终止一个位置。停止点意味着机械臂和外轴必须在使用下一个指令来继续程序执行之前达到指定位置(静止不动)。飞越点意味着从未达到编程位置,而是在达到该位置之前改变运动方向。

▶**任务实施**

一、任务流程

新建例行程序→创建目标点数据。

说明:本工作站中物料1—物料4位于垛台A的四个角位置,故在定义物料位置时可以选定物料1,进而可以计算出物料2,物料3,物料4的位置,在程序设计中偏移相应的位置即可,可以有效减少目标点位置的个数;同样的,放置时只需要知道第一个物料所在的位置,在放置物料2—物料4时可以在Z方向偏移物料的厚度即可。

二、具体操作

1. 新建例行程序

单击"示教器"→单击"程序编辑器",如图6-87所示→单击"Module1",
如图6-88所示→单击"例行程序",如图6-89所示→单击"文件"→单击"新建例行程序",如图6-90所示→双击"Routine1",如图6-91所示→修改名称为
"Iinital",如图6-92所示→设置完成,如图6-93所示→重复上述步骤新建拾取程序pick和放置程序place,如图6-94所示。

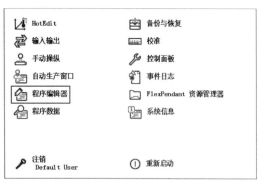

图 6-87 选择"程序编辑器"	图 6-88 选择"Module1"

图 6-89　选择"例行程序"

图 6-90　单击"新建例行程序"

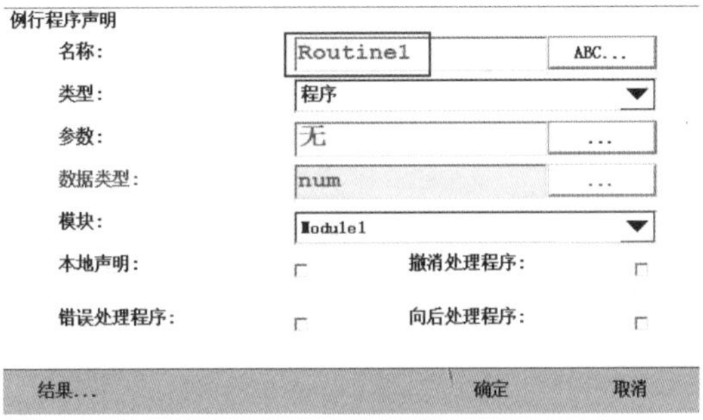

图 6-91　选择"Routine1"

图 6-92　更改名称为"Iinital"

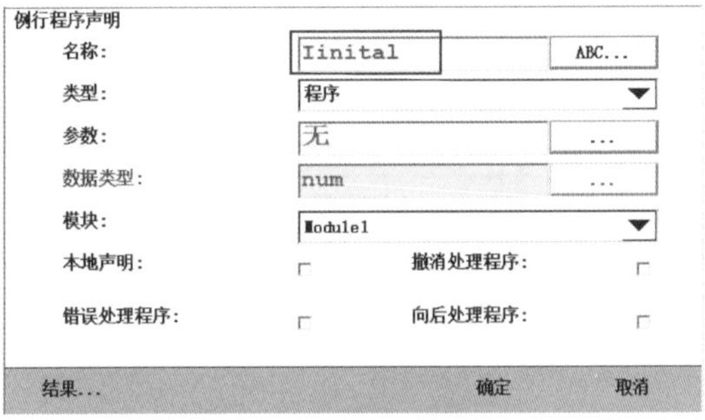

图 6-93　名称更改完成

图 6-94　新建 pick 程序和 place 程序

2.创建目标点数据

（1）创建物料 1 拾取位置 p10 和放置位置 p20。

创建拾取位置和放置位置

创建目标点：单击"移动"标识，如图 6-95 所示→将机器人吸盘工具 TCP 移动到物料 1 中心吸取位置，如图 6-96 所示→单击"控制器"→单击"虚拟示教器"，如图 6-97 所示→单击"程序编辑器"，如图 6-98 所示→单击"程序数据"，如图 6-99 所示→单击"robtarget"，如图6-100 所示→单击"新建"，新建 p10，如图 6-101 所示→单击"确定"，如图 6-102 所示→完成→创建完成后可在程序数据中查看→robtarget→ p10→创建完成，如图 6-103 所示。用同样的方法可创建放置位置 p20（垛台 B 上的物料 1 放置位置），如图 6-104 所示。

图 6-95　单击"移动"标识

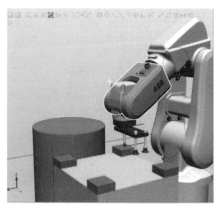

图 6-96　将 TCP 移动到物料 1 中心

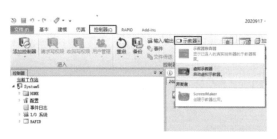

图 6-97　选择"虚拟示教器"

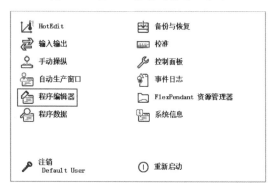

图 6-98　单击"程序编辑器"

图 6-99　单击"程序数据"

图 6-100　单击"robtarget"

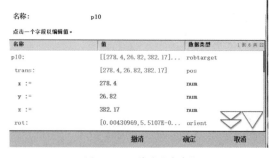

图 6-101　单击"新建"

图 6-102　单击"确定"

图 6-103　完成创建

图 6-104　同样方法完成 p20 创建

（2）创建机器人 home 点。

单击机器人鼠标右键→单击"回到机械原点"，如图 6-105 所示→机械原点位置，如图6-106所示→单击"虚拟示教器"→单击"程序数据"→单击"视图"→单击"全部数据类型"，如图 6-107 所示→单击"jointtarget"，如图 6-108 所示→单击"新建"，如图 6-109 所示→设置名称为"home"→单击"确定"，如图 6-110 所示→成功设置 home 点，如图 6-111 所示→单击"home"可查看位置信息，如图 6-112 所示。

创建home点

图 6-105　选择"回到机械原点"

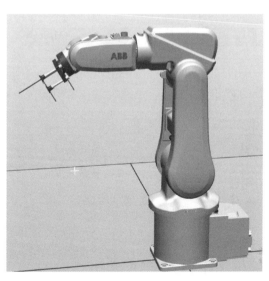

图 6-106　机械原点

图 6-107　选择"全部数据类型"

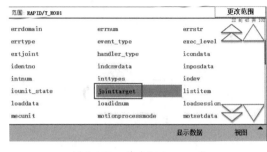

图 6-108　单击"jointtarget"

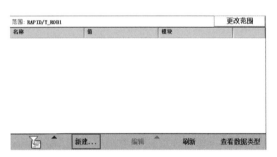

图 6-109　完成新建

图 6-110　设置名称

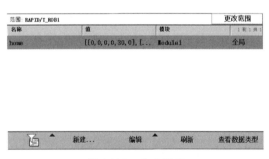

图 6-111　完成设置

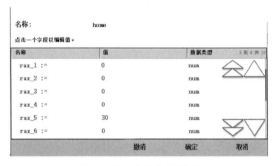

图 6-112　查看位置信息

▶任务评价

任务名称							
姓名		小组成员					
指导教师		完成时间			完成地点		
评价内容	自我评价			教师评价			
	掌握	知道	再学	优	良	合格	不合格
新建例行程序							
创建目标点数据							
工装整洁,工位干净;遵守纪律,爱护设备;全程操作规范,符合安全文明生产要求							

214

▶**任务拓展**

三个关键程序数据的设置

1. 工具数据 Tooldata 的设定

工具数据 Tooldata 是用于描述安装在机器人第六轴上的工具的 TCP、重量、重心等参数数据。Tooldata 用于描述工具(例如,焊枪或夹具)的特征。此类特征包括工具中心点(TCP)的位置和方位以及工具负载的物理特征。

工具数据 Tooldata 示例:

```
PERS tooldata gripper:=[ TRUE, [[97.4, 0, 223.1], [0.924,
0,0.383 ,0]], [5, [23, 0, 75], [1, 0, 0, 0], 0, 0, 0]];
```

工具数据 gripper 定义内容如下:

机械臂正夹持着工具。TCP 所在点沿着工具坐标系 X 方向偏移 97.4 mm,沿工具坐标系 Z 方向偏移 223.1 mm。工具的 X 方向和 Z 方向相对于腕坐标系 Y 方向旋转 45°。工具重量为 5 kg。重心所在点沿着腕坐标系 X 方向偏移 23 mm,沿腕坐标系 Z 方向偏移 75 mm。可将负载视为一个点质量,即不带转矩惯量。

工具中心点的设定原理如下:

(1)首先在机器人工作范围内找一个非常精确的固定点作为参考点。

(2)然后在工具上确定一个参考点(最好是工具的中心点)。

(3)通过之前学习到的手动操纵机器人的方法,去移动工具上的参考点以最少四种不同的机器人姿态尽可能与固定点刚好碰上。(为了获得更准确的 TCP,我们在以下的例子中使用六点法进行操作,第四点是用工具的参考点垂直于固定点,第五点是工具参考点从固定点向将要设定为 TCP 的 X 方向移动,第六点是工具参考点从固定点向将要设定为 TCP 的 Z 方向移动。)

(4)机器人就可以通过这四个位置点的位置数据计算求得 TCP 的数据,然后 TCP 的数据就保存在 Tooldata 的程序数据中被程序调用。

2. 工件坐标数据 WOBJDATA 的设定

工件坐标系对应工件:它定义工件相对于大地坐标

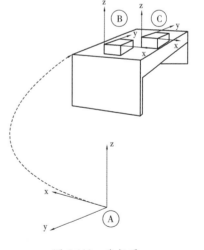

图 6-113 坐标系

系(其他坐标系)的位置。机器人可以拥有若干工件坐标系,或者表示不同工件,或者表示同一工件在不同位置的若干副本。

这带来很多优点:

(1)重新定位工作站中的工件时,只需更改工件坐标系的位置,所有路径将即刻随之更新。

（2）允许操作以外轴或传送导轨移动的工件，因为整个工件可连同其路径一起移动。

说明：如图 6-113 所示，A 是机器人的大地坐标，为了方便编程为第一个工件建立了一个工件坐标 B，并对这个工件坐标 B 进行轨迹编程。如果台子上还有一个一样的工件需要走一样的轨迹，则只需要建立一个工件坐标 C，将工件坐标 B 中的轨迹复制一份，然后将工件坐标从 B 更新为 C，则无需对一样的工件重复进行轨迹编程了。

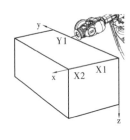

图 6-114　工件坐标

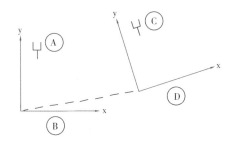

图 6-115　工件坐标偏移

说明：如图 6-114 和图 6-115 所示，在工件坐标 B 中对 A 对象进行了轨迹编程。如果工件坐标的位置变化成工件坐标 D 后，只需在机器人系统重新定义工件坐标 D，则机器人的轨迹就自动更新到 C 了，不需要再次轨迹编程了。因 A 相对于 B，C 相对于 D 的关系是一样的，并没有因为整体偏移而发生变化。

工件数据 wobjdata 示例：

> PERS wobjdata wobj1 :=[FALSE, TRUE, "", [[300, 600, 200], [1, 0,0 ,0]], [[0, 200, 30], [1, 0, 0 ,0]]];

工件数据 wobj1 定义内容如下：机械臂未夹持着工件。使用固定的用户坐标系。

用户坐标系不旋转，且在大地坐标系中用户坐标系的原点为 x = 300、y = 600 和 z = 200 mm。

目标坐标系不旋转，且在用户坐标系中目标坐标系的原点为 x = 0、y = 200 和 z = 30 mm。

在对象的平面上，只需要定义三个点，就可以建立一个工件坐标。

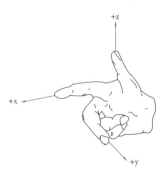

图 6-116　右手定则

（1）X1、X2 确定工件坐标 X 正方向。

（2）Y1 确定工件坐标 Y 正方向。

（3）工件坐标系的原点是 Y1 在工件坐标 X 上的投影。

说明：工件坐标符合右手定则，如图 6-116 所示。

3. 有效载荷数据 Loaddata 的设定

对于搬运应用的机器人，应该正确设定夹具的重量、重心数据 Tooldata 以及搬运对象的重量和重心数据 Loaddata。Loaddata 用于设置机器人轴 6 上安装法兰的负载载荷数据。载荷数据常常定义机器人的有效负载或抓取物的负载（通过指令 GripLoad 或 MechunitLoad 来设置），即机器人夹具所夹持的负载。同时将 Loaddata 作为 Tooldata 的组成部分，以描述工具负载。

载荷数据 Loaddata 示例：

```
PERS loaddata piece1 := [ 5, [50, 0, 50], [1, 0, 0, 0], 0, 0, 0];
```

载荷数据 Piece1 定义内容如下：重量 5 kg。重心为 x = 50、y = 0 和 z = 50 mm，相对于工具坐标系。有效负载为一个点质量。

任务四 离线搬运程序仿真运行

▶任务描述

本任务主要介绍在任务三创建的例行程序基础上，编写程序语言，实现各个子程序功能在 main 主程序中调用，实现搬运功能。

具体搬运要求：

（1）物料 1—物料 4 放在跺台 B 上的中心位置。

（2）物料 1—物料 4 由下往上堆积而放。

▶相关知识

一、什么是任务、程序模块和例行程序

关于 Rapid 程序的架构说明，如表 6-3 所示。

表 6-3　Rapid 程序的架构说明

Rapid 程序（任务）			
程序模块 1	程序模块 2	程序模块 3	系统模块
程序数据	程序数据	……	程序数据
主程序 main	例行程序	……	例行程序
例行程序	中断程序	……	中断程序

（1）一个 Rapid 程序称为一个任务，一个任务是由一系列的模块组成，由程序模块与系统模块组成。一般地，只通过新建程序模块来构建机器人的程序，而系统模块多用于系统方面的控制。

（2）可以根据不同的用途创建多个程序模块，如专门用于主控制的程序模块，用于位置计算的程序模块，用于存放数据的程序模块，这样做的目的在于方便归类管理不同用途的例行程序与数据。

（3）每一个程序模块包含了程序数据、例行程序、中断程序和功能四种对象，但不一定在一个模块中都有这四种对象的存在，程序模块之间的数据、例行程序、中断程序和功能是可以互相调用的。

217

（4）在 Rapid 程序中，只有一个主程序 main，存在于任意一个程序模块中，并且是整个 Rapid 程序执行的起点。

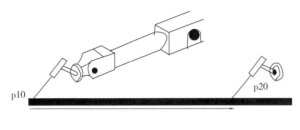

图 6-117 线性运动

二、常用的 Rapid 编程指令

1. MoveL：线性运动指令

线性运动指的是机器人的 TCP 从起点到终点之间的路径始终保持为直线，一般如焊接，涂胶等对路径要求高的应用场合使用此指令。线性运动如图 6-117 所示。

2. MoveJ：关节运动指令

关节运动指令是在对路径精度要求不高的情况下，机器人的 TCP 从一个位置移动到另一个位置，两个位置之间的路径不一定是直线。关节运动如图 6-118 所示。关节运动指令适合机器人大范围运动时使用，不容易在运动过程中出现关节轴进入机械死点的问题。

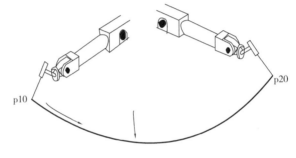

图 6-118 关节运动

3. MoveC：圆弧运动指令

圆弧路径是在机器人可到达的空间范围内定义三个位置点，第一个点是圆弧的起点，第二个点用于圆弧的曲率，第三个点是圆弧的终点，如图 6-119 和表 6-4 所示。

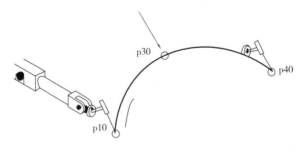

图 6-119 圆弧运动

表 6-4 圆弧路径的三个位置点

参数	含义
p10	圆弧的第一个点
p30	圆弧的第二个点
p40	圆弧的第三个点

4. MoveAbsJ:绝对位置运动指令

绝对位置运动指令是机器人的运动使用6个轴和外轴的角度值来定义目标位置数据。MoveAbsJ常用于机器人6个轴回到机械零点(0度)的位置。

5. I/O控制指令

I/O控制指令用于控制I/O信号,以达到与机器人周边设备进行通信的目的。

Set数字信号置位指令用于将数字输出(Digital Output)置位为"1"。

Reset数字信号复位指令用于将数字输出(Digital Output)置位为"0"。

6. 赋值指令: =

":="赋值指令是用于对程序数据进行赋值,赋值可以是一个常量或数学表达式。我们就以添加一个常量赋值与数学表达式赋值来说明此指令的使用:

常量赋值:reg1:=5;数学表达式赋值:reg2:=reg1+4。

7. Procall:调用例行程序指令

Procall调用例行程序指令是用于调用子程序的指令。例如:Procall　Iinital;表示调用子程序Iinital。

▶任务实施

一、任务流程

编辑主程序main→初始化程序Iinital→编辑拾取物料程序pick→编辑放置程序place→程序调试和程序后置。

说明:主程序主要是调用各个例行程序;在拾取和放置程序中需要注意的是每次拾取和放置的位置都不同,故需要在拾取位置p10和放置位置p20上偏移,具体偏移物理量则需要通过计算。

二、具体操作

1. 编辑主程序main

双击"main"→单击"Procall",如图6-120所示→单击"Iinital",如图6-121所示→单击"下方"插入指令,如图6-122所示→添加WHILE语句,如图6-123所示→编辑WHILE语句,如图6-124所示→单击"编辑",如图6-125所示→输入"reg1<5",单击"数据",如图6-126所示→单击"procall"→单击"pick",如图6-127所示→添加完成,如图6-128所示→单击"procall"→单击"place",如图6-129所示→输入"reg1:=reg1+1",如图6-130所示→程序编辑完成,如图6-131所示。

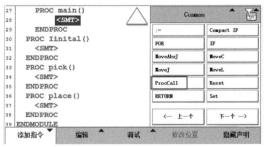

图6-120　选择"Procall"

图6-121　选择"Iinital"

图 6-122　选择"下方"插入指令

图 6-123　添加 WHILE 语句

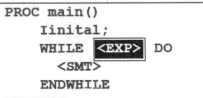

图 6-124　编辑 WHILE 语句

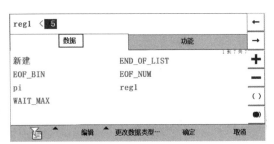

图 6-126　输入"reg1 ＜5"

图 6-125　选择"编辑"

图 6-128　添加完成

图 6-127　选择"pick"

图 6-130　输入"reg1：＝reg1＋1"

图 6-129　选择"place"

图 6-131　程序编辑完

2. 初始化 Iinital 程序

（1）移动机器人至"p10"：双击"Iinital"，如图 6-132 所示→单击"添加指令"→单击"MoveJ"，如图 6-133 所示→双击" ＊ "，如图 6-134 所示→单击"p10"，如图 6-135 所示→单击"z50"→单击"仅限选定内容"，如图 6-136 所示→输入"fine"，如图 6-137 所示→单击"确定"，如图 6-138 所示→修改"v1000"为"v400"，如图 6-139 所示。

移动机器人

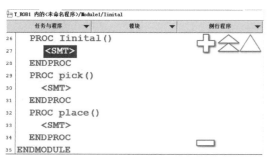

图 6-132　编辑"Iinital"

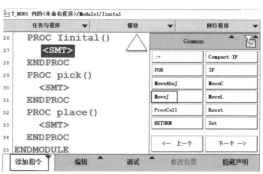

图 6-133　添加指令

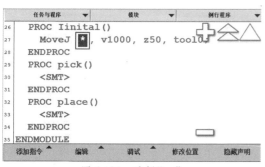

图 6-134　选择" ＊ "

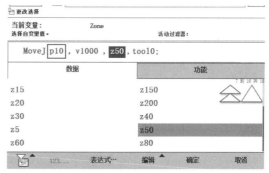

图 6-135　选择"p10"

图 6-136　选择"仅限选定内容"

图 6-137　输入"fine"

（2）添加偏移指令：单击"添加指令"→单击"MoveJ"，如图 6-140 所示→单击"上方"插入指令，如图 6-141 所示→修改"p20"改为"p10"，如图 6-142 所示→单击"功能"→单击"Offs"→单击"确定"，如图 6-143 所示→编辑"Offs"指令，偏移"p10"上方 30 mm 处，如图 6-144 所示→添加完成，如图 6-145所示。

添加指令和编辑
拾取物料程序

221

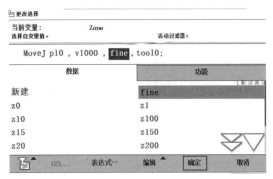

图 6-138　确定

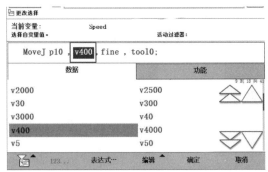

图 6-139　调整"v1000"为"v400"

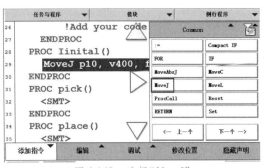

图 6-140　选择"MoveJ"

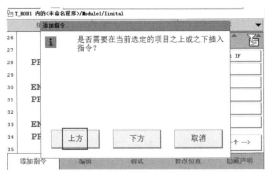

图 6-141　选择"上方"插入指令

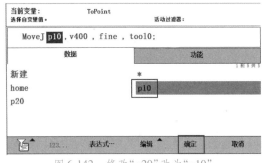

图 6-142　修改"p20"改为"p10"

图 6-143　确认操作

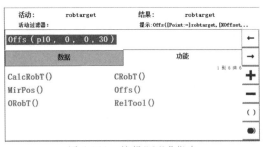

图 6-144　编辑"Offs"指令

图 6-145　完成指令添加

（3）添加绝对位移指令：单击"添加指令"→单击"MoveAbsJ"，如图 6-146 所示→单击"上方"插入指令，如图 6-147 所示→双击" * "，如图 6-148 所示→单击"home"，如图 6-149所示→单击"确定"，如图 6-150 所示。

图 6-146　选择"MoveAbsJ"

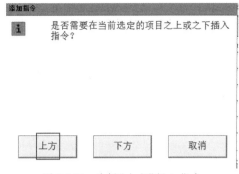

图 6-147　选择"上方"插入指令

图 6-148　编辑"＊"

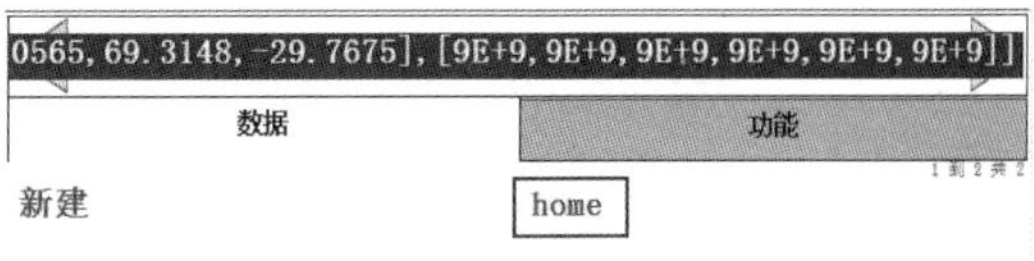

图 6-149　选择"home"

（4）添加等待指令：单击"添加指令"→单击"WaitTime"，如图 6-151 所示→设置等待时间为 1 秒，如图 6-152 所示→单击"编辑"→单击"复制"，如图 6-153 所示→单击"粘贴"，如图 6-154 所示→单击"下方"插入指令，如图 6-155 所示→单击语句"MoveJ"→单击更改为"MoveL"，如图6-156所示→添加完成，如图 6-157 所示。

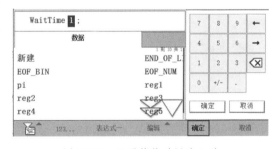

图 6-150　确认操作

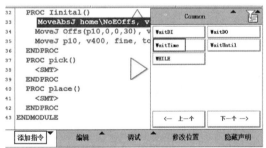

图 6-151　选择"WaitTime"

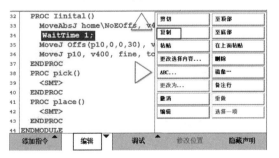

图 6-153　复制

图 6-152　设置等待时间为 1 秒

图 6-154　粘贴

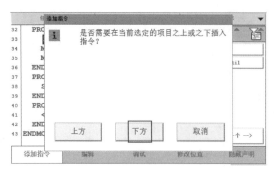

添加指令
是否需要在当前选定的项目之上或之下插入指令？
上方
下方
取消
添加指令
编辑
调试
修改位置
隐藏声明

图 6-155　选择“下方”插入指令

PROC Iinital()
MoveAbsJ home\NoEOffs,
WaitTime 1;
MoveJ Offs(p10,0,0,30),
WaitTime 1;
MoveJ p10, v400, fine,
ENDPROC
PROC pick()
<SMT>
ENDPROC
PROC place()
<SMT>
ENDPROC
剪切
至顶部
复制
至底部
粘贴
在上面粘贴
更改选择内容...
删除
ABC...
镜像···
更改为 MoveL
备注行
撤消
重做
编辑
选择一项
添加指令
编辑
调试
修改位置
隐藏声明

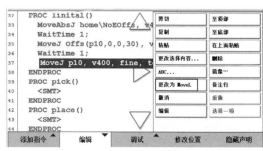

图 6-156　将“MoveJ”修改为“MoveL”

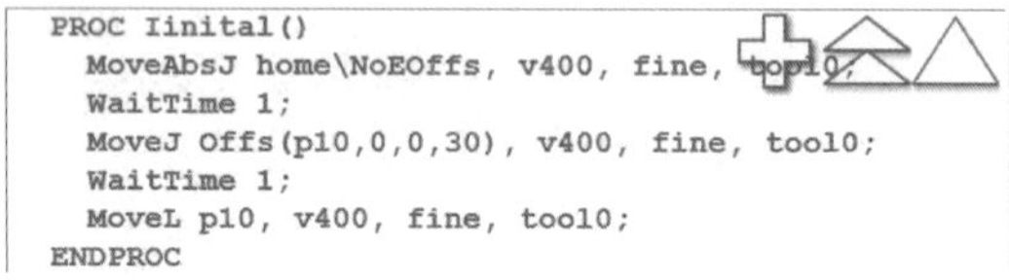

PROC Iinital()
MoveAbsJ home\NoEOffs, v400, fine, tool0;
WaitTime 1;
MoveJ Offs(p10,0,0,30), v400, fine, tool0;
WaitTime 1;
MoveL p10, v400, fine, tool0;
ENDPROC

图 6-157　添加完成

3. 编辑拾取物料程序 pick

单击“例行程序”→单击“pick”，如图 6-158 所示→单击“添加指令”，如图 6-159 所示→单击“TEST”，如图 6-160 所示→双击 TEST 语句，如图 6-161 所示→单击“添加 CASE”（添加 3 次），如图 6-162 所示→单击“添加指令”，如图 6-163 所示→编辑 CASE 语句，如图 6-164 所示→单击“添加指令”→单击“Set”，如图 6-165 所示→单击吸盘吸取信号“zhua”，如图 6-166所示→程序编辑完成，如图 6-167 所示。

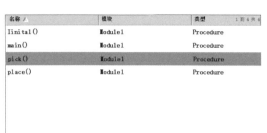

名称
模块
类型
1 到 4 共 4
Iinital()
Module1
Procedure
main()
Module1
Procedure
pick()
Module1
Procedure
place()
Module1
Procedure

图 6-158　选择“pick”

PROC pick()
<SMT>
ENDPROC
PROC place()
<SMT>
ENDPROC
ENDMODULE
添加指令
编辑
调试
修改位置
隐藏声明

图 6-159　选择“添加指令”

PROC pick()
<SMT>
ENDPROC
PROC place()
<SMT>
ENDPROC
ENDMODULE
Prog.Flow
SystemStopAction
TEST
WHILE
← 上一个
下一个 →
添加指令
编辑
调试
修改位置
隐藏声明

图 6-160　选择“TEST”

PROC pick()
TEST <EXP>
CASE <EXP>:
<SMT>
ENDTEST
ENDPROC

图 6-161　编辑“TEST”

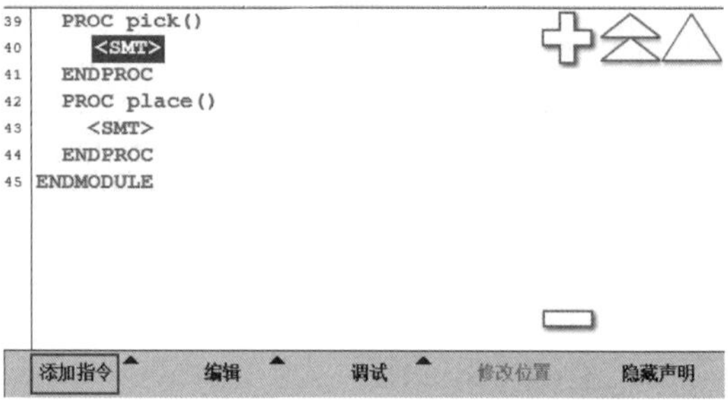

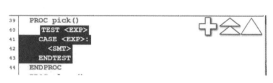

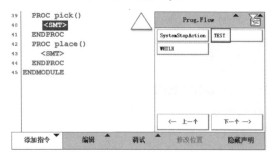

图 6-162　选择"添加 CASE"（3 次）

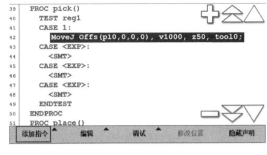

图 6-163　完成添加

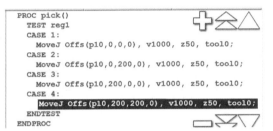

图 6-164　编辑 CASE 语句

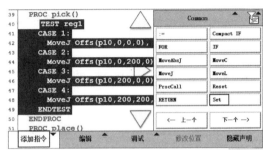

图 6-165　完成指令添加

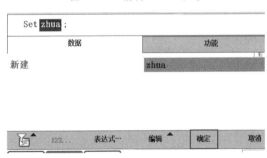

图 6-166　选择吸取信号"zhua"

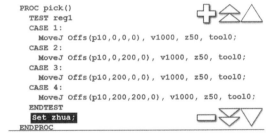

图 6-167　完成程序编辑

4. 编辑放置物料程序 place

单击"例行程序"→单击"place"→单击"MoveL"并编辑程序,如图6-168 所示→添加等待时间 1 秒,如图 6-169 所示→单击"MoveJ"并编辑程序,如图 6-170 所示→双击"添加指令"→单击"IF",如图 6-171 所示→双击 IF 语句, 如图 6-172 所示→单击"添加 ELSEIF"（3 次）,如图 6-173 所示→单击"编辑",如图 6-174 所示→编辑 IF 语句,如图 6-175 所示→单击"添加指令",如图 6-176 所示→单击"Reset"→单击"zhua",如图 6-177 所示→单击"添加指令",编辑 MoveL 语句,如图 6-178所示→程序编辑完成,如图 6-179 所示。

编辑放置
物料程序

图 6-168　选择" MoveL"并编辑程序

图 6-169　添加等待时间 1 秒

225

图 6-170 选择"MoveJ"并编辑程序

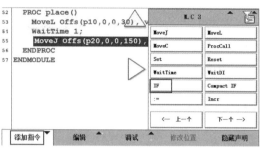

图 6-171 "添加指令"选择"IF"

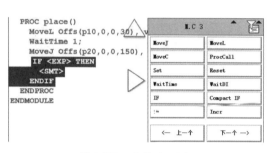

图 6-172 选择 IF 语句

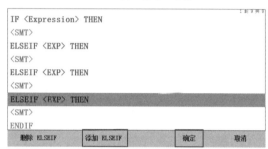

图 6-173 "添加 ELSEIF"(3 次)

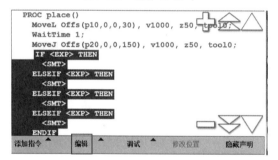

图 6-174 选择"编辑"

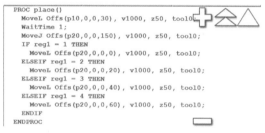

图 6-175 编辑 IF 语句

图 6-176 选择"添加指令"

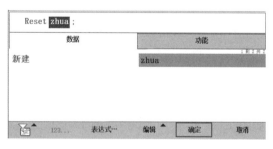

图 6-177 选择"zhua"

5.程序调试和程序后置

(1)程序调试:单击"main"→单击使能按键"Enable",如图 6-180 所示→单击"调试"→单击"PP 移至 main",如图 6-181 所示→单击"播放",如图 6-182 所示→等待程序运行,如图 6-183 所示→程序运行完成,如图 6-184 所示。

程序调试和
程序后置

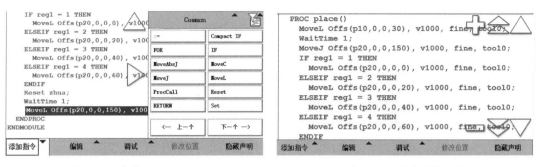

图 6-178　编辑 MoveL 语句　　　　　　　图 6-179　程序编辑完成

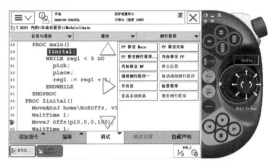

图 6-180　选择使能按键"Enable"

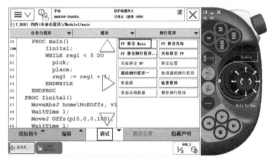

图 6-181　选择"调试"编辑"PP 移至 main"

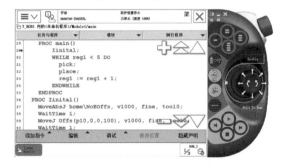

图 6-182　单击"播放"

227

 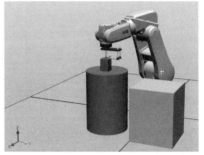

图 6-183　等待程序运行　　　　　　图 6-184　程序运行完成

（2）程序后置：单击"控制器"，如图 6-185 所示→右键单击"Module1"→单击"保存模块为"，如图 6-186 所示→选择保存路径即可。

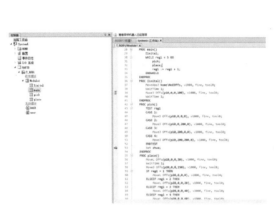 

图 6-185　选择"控制器"　　　　　　图 6-186　保存

Rapid 参考程序：

MODULE Module1

　　CONST robtarget

p10：=[[278.40,26.82,382.17],[0.00430969,5.5107E−9,

−0.999991,9.99424E−9],[0,0,0,0],[9E+9,9E+9,9E+9,9E+9,9E+9,9E+

9]];

　　VAR signaldo zhua;

　　CONST jointtarget home：=[[0,0,0,0,30,0],[9E+9,9E+9,9E+9,9E+9,9E+9,

9E+9]];

　　CONST robtarget

p20：=[[355.69,−202.13,430.01],[0.00512389,6.22708E−8,

0.999987,1.05031E−8],[−1,0,−1,0],[9E+9,9E+9,9E+9,9E+9,9E+9,9E+

9]];

228

```
VAR num reg1：=0；
    ！  ********************************************************
    ！
    ！ Module：  Module1
    ！
    ！ Description：
    ！    ＜Insert description here＞
    ！
    ！ Author：win10－PC
    ！
    ！ Version：1.0
    ！
    ！  ********************************************************
    ！  ********************************************************
    ！
    ！ Procedure main
    ！    This is the entry point of your program
    ！
    ！  ********************************************************
    PROC main()
        Iinital；
        WHILE reg1 ＜ 5 DO
          pick；
          place；
          reg1：= reg1 ＋ 1；
        ENDWHILE
      ENDPROC
    PROC Iinital()
      MoveAbsJ home\NoEOffs，v1000，fine，tool0；
      WaitTime 1；
      MoveJ Offs(p10,0,0,100)，v1000，fine，tool0；
      WaitTime 1；
    ENDPROC
    PROC pick()
      TEST reg1
      CASE 1：
```

```
            MoveJ Offs(p10,0,0,0), v1000, fine, tool0;
        CASE 2:
            MoveJ Offs(p10,0,200,0), v1000, fine, tool0;
        CASE 3:
            MoveJ Offs(p10,200,0,0), v1000, fine, tool0;
        CASE 4:
            MoveJ Offs(p10,200,200,0), v1000, fine, tool0;
    ENDTEST
    Set zhua;
ENDPROC
PROC place()
    MoveL Offs(p10,0,0,30), v1000, fine, tool0;
    WaitTime 1;
    MoveJ Offs(p20,0,0,150), v1000, fine, tool0;
    IF reg1 = 1 THEN
MoveL Offs(p20,0,0,0), v1000, fine, tool0;
ELSEIF reg1 = 2 THEN
MoveL Offs(p20,0,0,20), v1000, fine, tool0;
ELSEIF reg1 = 3 THEN
MoveL Offs(p20,0,0,40), v1000, fine, tool0;
ELSEIF reg1 = 4 THEN
MoveL Offs(p20,0,0,60), v1000, fine, tool0;
ENDIF
Reset zhua;
WaitTime 1;
MoveL Offs(p20,0,0,150), v1000, fine, tool0;
MoveAbsJ home\NoEOffs, v1000, fine, tool0;
ENDPROC
ENDMODULE
```

▶任务评价

任务名称							
姓名			小组成员				
指导教师			完成时间			完成地点	
评价内容	自我评价			教师评价			
	掌握	知道	再学	优	良	合格	不合格
输入主程序 main							
输入初始化程序 Iinital							
输入拾取物料程序 pick							
输入放置程序 place							
程序调试和后置							
工装整洁,工位干净;遵守纪律,爱护设备;全程操作规范,符合安全文明生产要求							

▶任务拓展

RAPID 程序仿真运行

程序仿真:单击"仿真"→单击"播放",如图 6-187 所示→单击"仿真录像",如图 6-188 所示→仿真完成,如图 6-189 所示。

图 6-187　单击"仿真"选择"播放"

图 6-188　单击"仿真录像"

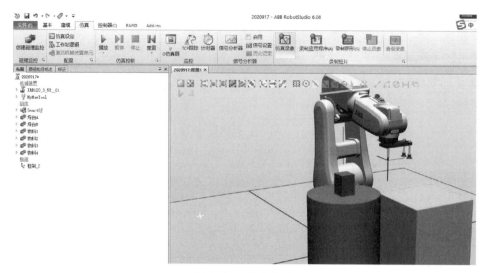

图 6-189　仿真完成

▶项目练习

按以下要求创建工业机器人搬运工作站：

（1）新建空工作站解决方案，名称为"banyun"，位置为 D 盘根目录。

（2）导入"xipan"工具模型，创建本地原点，创建吸盘工具。

（3）导入 IRB120 型机器人，导入吸盘工具，并装配到机器人法兰盘上，根据已有布局创建机器人系统，系统命名为"chaiduo"。

（4）在吸盘工具末端创建 Smart 组件，实现对物料的吸取和放置。

（5）编写 Rapid 程序，实现将码放在跺台 B 上的物料还原至跺台 A。

（6）仿真运行并录像，导出播放。

项目七 码垛工作站离线编程与仿真

▶项目描述

本项目将利用 ABB-IRB120 机器人将 64 个正方形物料从传送带搬运到码垛台上,需要依次完成 I/O 配置、程序数据创建、目标点示教、程序编写及调试。

▶学习目标

知识目标

了解机器人夹爪的创建方法;

了解 Smart 组件的创建方法;

了解码垛程序的编写和仿真。

技能目标

能创建机械夹爪工具;

能创建 Smart 组件;

能编写码垛程序并进行仿真。

任务一 机器人夹爪工具创建

▶任务描述

本任务将介绍用 RobotStudio 仿真软件的建模菜单在导入的几何体中添加机器人夹爪几何体。用户工具能像 RobotStudio 工具模型库中的工具一样,调整集合体的位置,然后通过创建机器人机械装置,让夹爪几何体变成机器人夹具。

▶相关知识

什么是机器人夹具(手指)

气动手指又名气动夹爪或气动夹指,是利用压缩空气作为动力,用来夹取或抓取工件的执行装置。最初起源于日本,后被国内自动化企业广泛使用。根据样式通常可分为 Y 型夹指和平型夹指,其主要作用是替代人做抓取工作,可有效提高生产效率及工作的安全性。SMC 气动手指系列是工业领域中最常用的气动夹爪装置之一,按照其功能特性可分为平行夹爪、摆动夹爪、旋转夹爪、三点夹爪四大类。

1.平行夹爪

平行夹爪的手指是通过两个活塞动作的。每一个活塞由一个滚轮和一个双曲柄与气动手指相连,形成一个特殊的驱动单元。这样,气动手指总是轴向对心移动,每个手指是不能单独移动的。如果是手指反向移动,则先前受压的活塞处于排气状态,而另一个活塞处于受压状态。平行夹爪是由单活塞驱动,轴心带动曲柄,两片爪片上各有一个相对应的曲柄槽。为减小磨擦阻力,爪片与本体的连接为钢珠滑轨结构。

2.摆动夹爪(Y 形夹爪)

摆动夹爪的活塞杆上有一个环槽,由于手指耳轴与环槽相连,因而手指可同时移动且自动对中,并确保抓取力矩始终恒定。

3.旋转夹爪

旋转夹爪的动作是按照齿条的啮合原理工作的。活塞与一根可上下移动的轴固定在一起。轴的末端有 3 个环槽,这些槽与两个驱动轮啮合。因而,气动手指可同时移动并自动对中,齿轮齿条原理确保了抓取力度始终恒定。

4.三点夹爪

三点夹爪的活塞上有一个环形槽,每一个曲柄与一个气动手指相连,活塞运动能驱动 3 个曲柄动作,因而可控制 3 个手指同时打开和合拢。

▶**任务实施**

一、任务流程

新建机器人工作站→导入夹爪模型→新建传送带与码垛台模型→创建机器人夹爪工具。

二、具体操作

1.新建机器人工作站

单击"基本选项卡"→单击"ABB 模型库"→选择"IRB120 机器人"→选择"机器人系统"→从布局根据已有的布局创建系统→更改机器人系统名称→单击"下一步"→单击"选项"→在语言栏选项中勾选"Chinese"→在"industrial Networks"中选择勾选"709 – 1"和"841 – 1"→单击"确定"→单击"完成"。

2.导入夹爪模型

单击"基本选项卡"→单击"浏览几何体"→选择"导入几何体"→导入机器人码垛手爪的 3D 模型,如图 7-1 所示→通过旋转,调整夹爪状态。调整后如图 7-2 所示。注意:导入后的机器人码垛手爪的格式和大地坐标不一致需要调整,同时机器人的部件太散需要合并。合并的方式是新建多个组件组,将不同的组件拖拽到组件中。

3.新建传送带与码垛台模型

(1)新建传送带模型:单击模型→单击"固体"→单击"矩形体"→输入传送带相应数值→单击"创建",这时传送带就创建完成了,如图 7- 3 所示。

(2)新建码垛台模型:单击模型→单击"固体"→单击"矩形体"→输入放置台几何体数值→单击"创建",这样就完成了码垛台的创建,如图 7- 4 所示。注意:本次的位置设置只是初步设置,当真正调试时可能位置要调整。

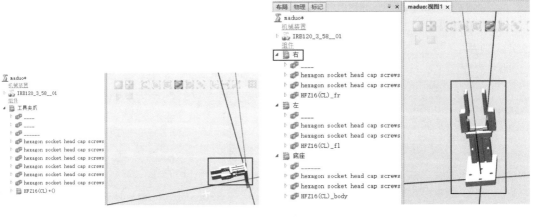

图 7-1 导入夹爪后的状态   图 7-2 夹爪调整后的状态

图 7-3 创建传送带

图 7-4 创建放置台

4.创建机器人夹爪工具

（1）新建夹爪工具：单击创建机械装置，如图7-5所示→更改机械装置模型名称为"夹爪"，如图7-6所示→双击"节点"创建机械装置节点→双击"工具数据创建"，设置机械装置的工具数据→创建机械关节的姿态→设置不同的转换时间→完成。

创建机械夹爪

 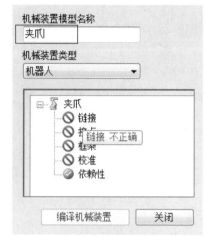

图 7-5　创建机械装置　　　　　图 7-6　更改机械装置模型名称

（2）给夹爪工具创建链接：在"机械装置类型"下拉框中选择"工具"，如图 7-7 所示→创建机械夹爪→右击"链接"→选择"添加链接"创建机械夹爪，如图 7-8 所示。

图 7-7　选择"工具"　　　　　图 7-8　创建机械夹爪

另外一种方法是右击"链接"选择"添加链接"，输入链接名称"L1"→选择组件为"底座"→勾选"设置为 BaseLink"→添加到主页，如图 7-9 所示→选择"添加链接"，输入链接名称"L2"，所选组件选择"左"，单击添加符号→单击"确定"，如图 7-10 所示。

选择"添加链接"，输入链接名称"L3"，所选组件选择"右"，单击添加符号→单击"确定"，如图 7-11 所示。注意：链接的名称不能是一样的，单击"应用"即可生成链接，并且只有 L1（底座）才需要勾选"设置为 Baselink"。

（3）设置接点：在如图 7-5 中右击"接点"，选择"添加关节"→将关节名称命名为"J1"→选择关节类型为"往复的"→在父链接中选择"L1"→在子链接中选择"L2"→在关节轴中将关节轴的位置数据改成如图 7-12 所示的数值→将限制类型改为"常量"→将关节的最小限值改为"0.00"→将最大限值改为"4.5"，如图 7-12 所示，→右击关节，选择"添加关节"1 将关节名称命名为"J2"→选择关节类型为"往复的"→在父链接中选择"L1"→在子链接中选择"L3"→在关节轴中将关节轴的位置数据改成如图 7-13 所示的数值→将限制类型改为"常量"→将关节的最小限值改为"0.00"→将最大限值改为"4.5"，如图 7-13 所示。

图 7-9 修改链接 1

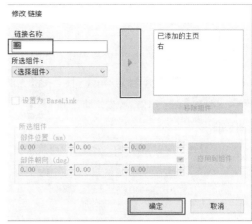

图 7-10 修改链接 2

图 7-11 修改链接 3

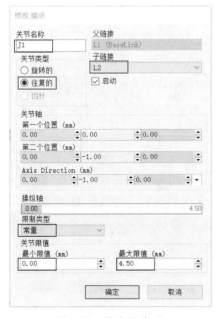

图 7-12 接点关节 J1

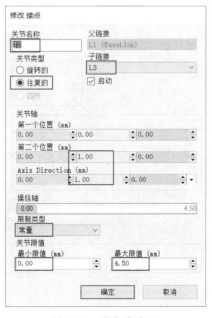

图 7-13 接点关节 J2

237

注意:拖动操纵轴看夹爪活动是否和真实环境接近,活动的范围是根据机器人的夹爪距离来决定的。

(4)设置机器人夹爪工具坐标:单击工具数据,在下拉菜单中选择 tool 添加工具数据→将工具数据的名称修改为"mytool1"→将工具数据属于链接修改为"L1"→将位置坐标修改为"53.84、0、122.24"→将工具重量修改为"0.75"→将工具重心修改为"0、0、58.9",如图7-14所示。

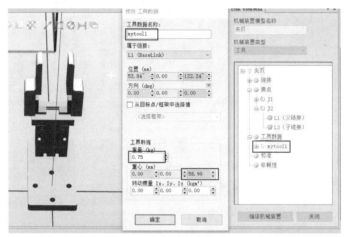

图 7-14　设置工具数据

注意:机器人夹爪的工具坐标是根据现有机器人夹爪的尺寸来设置的。

(5)设置姿态及转换时间:在创建机械装置下方选择"编译机械装置",如图7-15所示→在"姿态"中选择"添加"→在弹出的对话框中将姿态名称改为"姿态1"→单击"应用",如图7-16所示→再次单击"添加"在弹出的对话框中将姿态名称改为"姿态2"→将关节值设置为"4.5、4.5"→单击"应用",如图7-17所示→在姿态设置栏中单击"设置"→将各个姿态的转换时间改为3 s→单击"确定",如图7-18所示。

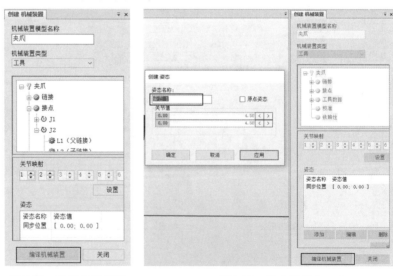

图 7-15　编译机械装置　　　　图 7-16　姿态设置 1

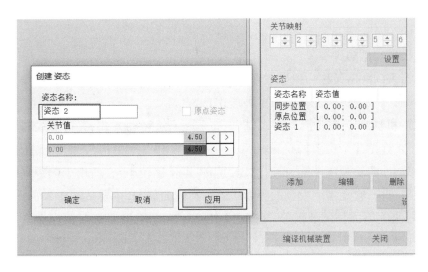

图 7-17　姿态设置 2

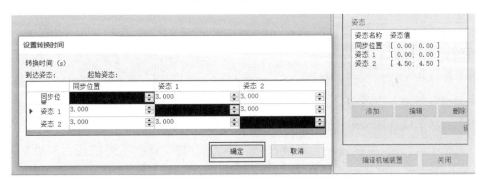

图 7-18　转换时间的设置

注意:转换时间都是设置为 3 s。

▶任务评价

任务名称							
姓名		小组成员					
指导教师		完成时间		完成地点			
评价内容	自我评价			教师评价			
	掌握	知道	再学	优	良	合格	不合格
新建机器人工作站							
导入新建机器人基本模型							
创建机器人机械夹爪工具							
工装整洁,工位干净;遵守纪律,爱护设备;全程操作规范,符合安全文明生产要求							

▶任务拓展

机器人机械夹爪的种类

工业机器人的夹爪又称为机械式夹持机构,机器人的这种夹持机构是依据实际的工作需求设计的,所以夹持机构现在有很多种形式。

大多数的机械夹爪是双指头爪式,机械夹爪是通过运动方式、夹持方式和机构特性来区分的,接下来介绍几个主要的机械夹爪。气压式末端夹持机构,它的特点就是动作的速度很快,其移动性源于液压系统,相对的压力损失也就比较小,它适用于远距离的控制。气吸式末端夹持机构,它是借助吸盘的吸力来进行物体的移动,主要适用于外形比较大,厚度适中的物体,像玻璃、钢材、纸张等。液压式末端夹持机构,它是通过液压夹紧和弹簧松开的方式来夹持物体。

任务二 用 Smart 组件创建动态夹爪与设置传送带 Smart 组件

▶任务描述

本工作站将创建拥有动态属性的 Smart 输送带和夹爪。Smart 输送带动态效果包含:输送带前端自动生成产品、产品随着输送带向前运动、产品到达输送带末端后停止运动、产品被机器人取走后输送链带前端再次生成产品,然后依次循环。Smart 夹爪动态效果包含:在输送链末端拾取产品、在放置位置释放产品、自动置位复位真空反馈信号。本任务将通过增加 Smart 子组件来实现这些需求。

▶相关知识

Smart 组件功能就是在 RobotStudio 中实现动画效果的高效工具。Smart 组件包括信号与属性、参数建模、传感器、动作、本体、控制器、物理、其他等。下面介绍本任务用到的 Smart 组件。

1. 信号与属性类

(1)LogicGate:该逻辑组件有 4 种功能,即与、或、非、延时。通过该逻辑组件的逻辑功能可以实现信号的控制。ND(与):两个输入的信号都为真,输出才为真。OR(或):两个输入的信号中一个为真,输出就为真。NOT(反信号):输入 1,输出 0;输入 0,输出 1。NOP(延时信号):输入的是什么,输出就是什么,可以设置间隔的时间。

(2)LogicSRLatch(set,Reset):该组件是将把信号锁定,如果输入是 1,那么就一直是 1,不会是短的脉冲信号。该组件可以使信号保持不变,只有当锁定的条件发生改变时信号锁定才会取消。故在仿真中经常应用。

(3)Timer(间隔时间输出脉冲):该组件只要一直给信号,那么就会间隔性输出脉冲,时间可以设置。例如,可以将时间间隔设为 60 s,就可以作时钟。

2.动作类

(1)Attacher(安装):该组件将一个对象安装到某个指定的位置上,当安装对象和对接对象安装成功时,输出1。

(2)Detacher(拆除一个以安装的对象):该组件一般跟安装的组件共同使用,只要明确知道要拆除的对象已经拆除成功,输出1。

(3)Source(拷贝):该组件多用于拷贝一个工件的一个组件,当需要更多的组件时需要用到该组件。如果勾选"Transient"(在临时仿真过程中对已创建的复制对象进行标记,防止内存错误的发生)。

3.传感器类

(1)LineSensor(线传感器):该组件是传感器的一种,该传感器主要是利用设置一个线的长与宽,当检测到工件就会输出1,利用线传感器就可以检测工件到达位置没有,而检测的前提是被检测的物体需要勾选,可由传感器检测。

(2)PlaneSensor(面传感器):可以设置一个面的长、宽和高,如果检测到工件就会输出1,前提是被检测的物体需要勾选,可由传感器检测。

4.本体类

(1)LinearMover(把对象从当前位置移动到一条直线上):把对象从当前位置按照设定的方向与速度沿着一条直线进行移动。

(2)PoseMover[0](运动机械装置关节到一个已定义的姿态):设定一个位置可以是原位置,也可以是移动后的位置,但是必须要知道当信号为0的时候姿态是什么,信号为1的时候姿态是什么。通过这个组件运动到指定的机械装置关节到定义的姿态。

5.其他

(1)Queue(表示为对象的队列,可以为组进行操纵):如果产生多个拷贝的对象,并且希望产生的对象统一移动,就把产生的对象都装进一个队列里面,移动这个队列可以实现统一移动。

(2)SimulationEvents(仿真开始和停止时发出的脉冲信号):当仿真开始,该组件可以发出开始(为1)和停止(为0)的脉冲信号。

▶任务实施

一、任务流程

创建夹爪 SC 组件→添加组件与设置属性→添加码垛夹爪 Smart 组件的属性连接→创建码垛夹爪与组件的信号和连接→安装码垛夹爪 Smart 组件→创建传送带的 Smart 组件→添加传送带组件的子组件→添加传送带 Smart 组件的属性与连接→添加传送带 Smart 组件的信号和连接。

二、具体操作

1.创建夹爪 SC 组件

新建 Smart 组件:选择建模 Smart 组件→将 Smart 组件重命名为"码垛夹爪 SC",如图 7-19 所示→选择布局按住"夹爪"并拖放到 Smart 组件中去→单击"添加组件",如图7-20所示。

创建夹爪
Smart组件

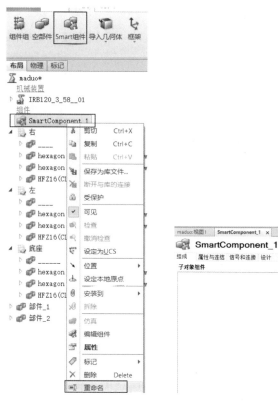

图 7-19　重命名组件　　　　　　图 7-20　添加"夹爪"到组件

2.添加组件与设置属性

（1）添加组件"Attacher"与设置属性：单击"添加组件"→选择"动作"→单击"Attacher"组件，如图 7-21 所示→在弹出的属性对话框中设置属性，在属性中的"Parent"项中选择"码垛夹爪 SC/夹爪"→在"Flange"选项框中选择"mytool1"→单击"应用"，如图 7-22 所示。

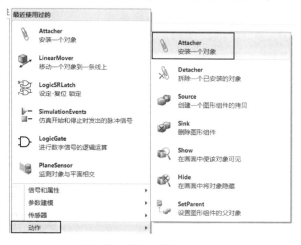

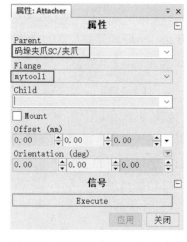

图 7-21　添加组件"Attacher"　　　　　　图 7-22　设置组件"Attacher"属性

（2）添加组件"Detacher" 与设置属性：单击"添加组件"→选择"动作"→选择"Detacher"组件，如图 7-23 所示→在弹出的属性框中设置属性，将"KeepPosition"勾选→单击"应用"，如图 7- 24 所示。

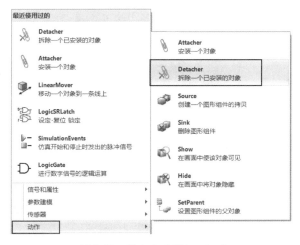

图 7-23 添加组件"Detacher" 　　　　　图 7-24 设置组件"Detacher"属性

（3）添加组件"LineSensor"与设置属性：单击"添加组件"→选择"传感器"→选择
"LineSensor"组件，如图 7-25 所示→在弹出的属性设置框中设置传感器相应的数据→单击
"应用"，如图 7-26 所示→右击 LineSensor 选择安装到夹爪→在弹出的更新位置对话框中选
择"是"。

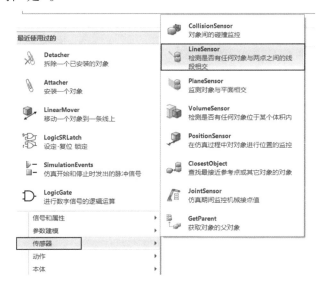

图 7-25 添加组件"LineSensor" 　　　　　图 7-26 设置组件"LineSensor"属性

（4）添加组件"PoserMover"与设置属性：单击"添加组件"→选择"本体"→选择 Poser-
Mover 组件，如图 7-27 所示→在弹出的属性对话框的"Mechanism"中选择"码垛夹爪/夹爪"→
在"Pose"中选择"姿态 1"（张开），其他的保持默认→单击"应用"，如图 7-28 所示。

（5）添加组件"PoserMover_2"与设置属性：单击"添加组件"→选择"本体"→单击
"PoserMover_2"组件，如图 7-29 所示→在"Mechanism"中选择"码垛夹爪/夹爪"→在"Pose"
中选择"姿态 2"（闭合），其他的保持默认→单击"应用"，如图 7- 30 所示。

图 7-27　添加组件"PoseгMover"

图 7-28　组件"PoserMover"组件属性设置

图 7-29　添加组件"PoserMover_2"

图 7-30　设置"PoserMover_2"属性

（6）添加组件"LogicGate"与设置属性：单击"添加组件"→选择"信号与属性"→选择"LogicGate"组件，如图 7-31 所示→在弹出的属性设置框的"Operator"中选择"NOT"→单击"应用"，如图 7-32 所示。

（7）添加组件"LogicSRLatch"与设置属性：单击"添加组件"→选择"信号与属性"→选择"LogicSRLatch"组件，如图 7-33 所示→在弹出的属性设置框中保持默认值→单击"应用"，如图 7-34 所示。

3. 添加码垛夹爪 Smart 组件的属性连接

右键单击"码垛夹爪 SC"，选择"属性与连结"选项，→单击"添加连结"，并进行相关的设置，然后单击"确定"，如图 7-35 所示。

图 7-31　添加组件"LogicGate"

图 7-32　设置组件"LogicGate"属性

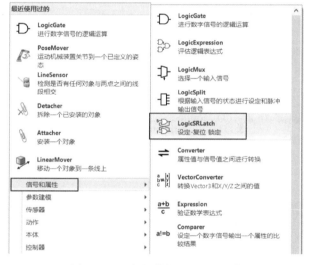

图 7-33　添加组件"LogicSRLatch"

图 7-34　设置组件"LogicSRLatch"属性

图 7-35　码垛夹爪 Smart 组件的属性连接

4.创建码垛夹爪与组件的信号与连接

（1）创建夹爪输入信号 di_grip：在"码垛夹爪 SC"窗口中，选择"信号和连接"选项→在

"I/O 信号"设置窗口下方,单击"添加 I/O Signals"→添加"码垛夹爪"输入信号,→信号类型选择"Digitalinput"→信号名称为"di_grip"→其他保持默认后单击"确定",如图 7-36所示。

图 7-36　创建夹爪输入信号 di_grip

（2）添加 Smart 组件的 I/O Signals:在"码垛夹爪 SC"窗口中,选择"信号和连接"选项→在"I/O 信号"设置窗口下方,单击"添加 I/O Signals"→添加"码垛夹爪 SC"真空输出信号,然后单击"确定",如图 7-37 所示。

（3）创建"码垛夹爪"与传感器的信号连接:在"码垛夹爪 SC"窗口中选择"信号和连接"选项→在"I/O 信号"设置窗口下方,单击"添加 I/O Connection"→源对象为"码垛夹爪SC"→源信号为"di_grip"→目标对象为"LinSensor"→在第四个选项栏中选择"Active"→单击"确定",如图 7-38 所示。

图 7-37　添加 Smart 组件的 I/O Signals

图 7-38　创建"码垛夹爪"与传感器的信号连接

(4)创建"码垛夹爪"与PoseMover[闭合]信号连接:在"码垛夹爪SC"窗口中选择"信号和连接"选项→在"I/O信号"设置窗口下方,单击"添加I/O Connection"→源对象为"码垛夹爪SC"→源信号为"di_grip"→目标对象为"PoseMover[闭合]"→在第四个选项栏中选择"Execute"→单击"确定",如图7-39所示。

图7-39　创建"码垛夹爪"与PoseMover信号连接

(5)创建"码垛夹爪"与LogicGate信号连接:在"码垛夹爪SC"窗口中选择"信号和连接"选项→在"I/O信号"设置窗口下方→单击"添加I/O Connection"→源对象为"码垛夹爪SC"→信号名称为"di_grip"→目标对象为"LogicGate[NOT]"→在第四个选项栏中选择"InputA"→单击"确定",如图7-40所示。

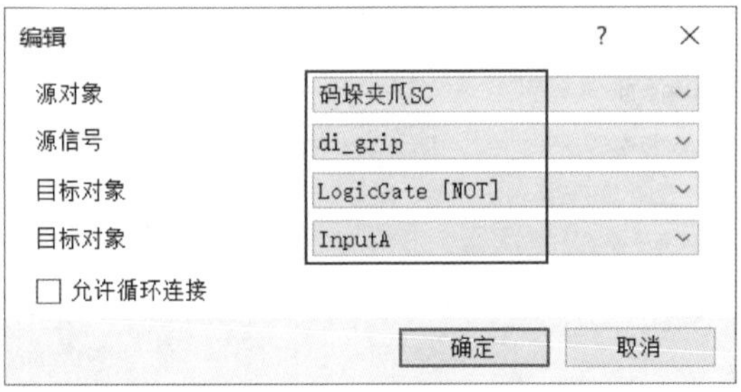

图7-40　创建"码垛夹爪"与LogicGate信号连接

(6)创建PoseMover[闭合]与Attacher信号连接:在"码垛夹爪SC"窗口中选择"信号和连接"选项→在"I/O信号"设置窗口下方,单击"添加I/O connection"→源对象为"PoseMover_2[闭合]"→源信号为"Executed"→目标对象为"Attacher"→在第四个选项栏中选择"Execute"→单击"确定",如图7-41所示。

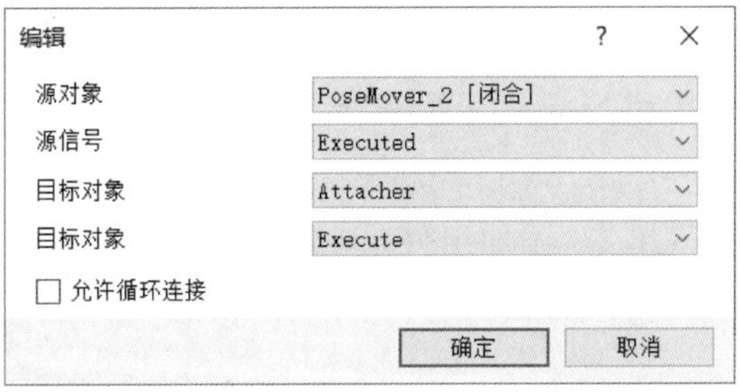

图7-41　创建PoseMover[闭合]与Attacher信号连接

(7)创建LogicGate与PoseMover[张开]信号连接:在"码垛夹爪SC"窗口中选择"信号

和连接"选项→在"I/O 信号"设置窗口下方,单击"添加 I/O connection"→源对象为"Log-icGate[NOT]"→源信号为"Output"→目标对象为"PoseMover[张开]"→在第四个选项栏中选择"Execute"→单击"确定",如图 7-42 所示。

图 7-42　创建 LogicGate 与 PoseMover[张开]信号连接

（8）创建 LogicGate 与 Detacher 信号连接:在"码垛夹爪 SC"窗口中选择"信号和连接"选项→在"I/O 信号"设置窗口下方,单击"添加 I/O connection"→源对象为"LogicGate[NOT]"→源信号为"Output"→目标对象为"Detacher"→在第四个选项栏中选择"Execute"→单击"确定",如图 7-43 所示。

图 7-43　创建 LogicGate 与 Detacher 信号连接

5.安装码垛夹爪 Smart 组件

码垛夹爪 Smart 组件创建完成后还要安装到机器人 IRB120 机器人上。

6.创建传送带的 Smart 组件

创建 SC_输送链 1 的 Smart 组件,在"建模"选项卡中,单击"Smart 组件",选择"SmartComponent_2",重命名为"传送带",如图 7-44 所示。

创建传送带
Smart组件

7.添加传送带组件的子组件

（1）添加组件"Source":单击"添加组件"→选择"动作"→单击"Source",如图 7-45 所示→在弹出的属性对话框中将 Source 设置为"传送带/码垛块"→在 Position 里设置码垛块的位置→其余保持默认值→单击"确定",如图 7-46 所示。

（2）添加组件"Queue":单击"添加组件"→选择"动作"→单击"Queue",如图 7-47 所示→在弹出的属性对话框中将"Queue"的属性保持默认值→单击"应用",如图 7-48 所示。

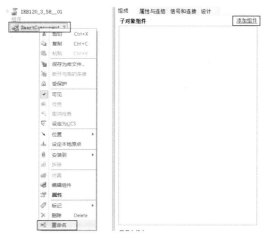

图 7-44　重命名 Smart 组件

图 7-45　添加组件"Source"

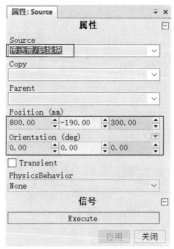

图 7-46　设置组件"Source"属性

图 7-47　添加组件"Queue"

图 7-48　设置组件"Queue"属性

（3）添加组件"LinearMover2"：单击"添加组件"→选择"本体"→单击"LinearMover2"，如图 7-49 所示→将 Object 设置为"传送带/Queue"→将 Direction 设置为"－1、0、0"→将 Speed 设置为"160"→其余保持默认值→单击"应用"，如图 7-50 所示。

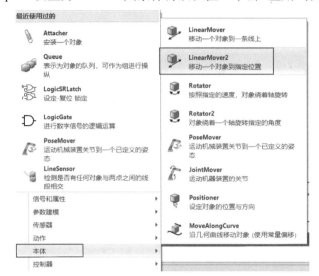 

图 7-49　添加组件"LinearMover2"　　　　图 7-50　设置组件"LinearMover2"属性

注意：在设置属性时，要看码垛块的传送方向来设置 Direction。速度要根据机器人运行的速度进行调整，使其达到更优的效果。

（4）添加传感器 PlaneSensor：单击"添加组件"→选择"传感器"→单击"PlaneSensor"，如图 7-51 所示→将 Origin 中设置传送带的末端坐标"130、－200、200"→其余保持默认值→单击"应用"，如图 7-52 所示。

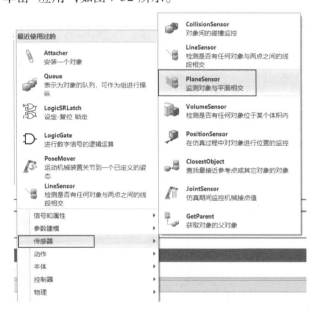 

图 7-51　添加传感器"PlaneSensor"　　　　图 7-52　设置"PlaneSensor"传感器属性

注意：在设置传感器时要与传送带接触，故要将传送带改为不能由传感器检测。

（5）添加 SimulationEvents 组件：在"传送带"窗口中选择"组成"选项→单击"添加组件"→在下拉菜单中选择"其他"下的"SimulationEvents"，如图 7-53 所示。

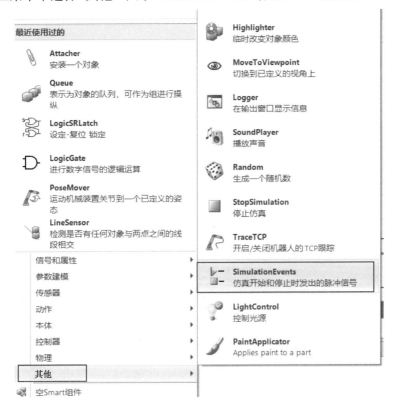

图 7-53　添加组件"SimulationEvents"

（6）添加组件"LogicGate"：单击"添加组件"→选择"信号与属性"→单击"LogicGate"，如图 7-54 所示→在"Operator"中选择"NOT"→单击"应用"，如图 7-55 所示。

图 7-54　添加组件"LogicGate"　　　　　图 7-55　设置组件"LogicGate"属性

（7）添加组件"LogicSRLatch"：在"传送带"窗口中选择"组成"选项→单击"添加组件"→在弹出的下拉菜单中选择"信号和属性"下的"LogicSRLatch"，如图 7-56 所示→在左侧"布局"栏中，将"码垛块"拖放到"输送带"下。

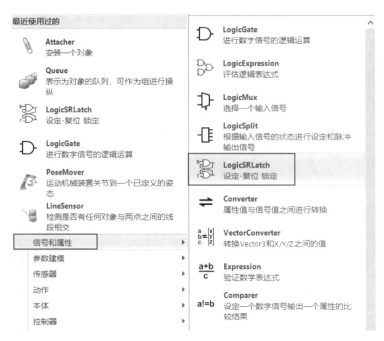

图 7-56　添加组件"LogicSRLatch"

8. 添加传送带 Smart 组件的属性与连接

添加 Smart 组件的 I/O Signals：在"传送带"窗口中选择"属性与连结"选项，→单击"添加连结"→信号类型为"DigitalInput"→信号名称为"di_start1"→单击"确定"即可添加一个信号，如 7-57 所示。

单击"添加连接"→信号类型为"Digital Output"→信号名称为"do_boxin"→单击"确定"，如图 7-58 所示。

图 7-57　添加信号"di_start1"

图 7-58　添加信号"di_boxin"

9. 添加传送带 Smart 组件的信号与连接

（1）添加传送机与 Source 的 I/O Connection：在"传送机"窗口中选择"信号和连接"选项→在"I/O 连接"下单击"添加 I/O Connection"→源对象为"传送机"→源信号为"di_start1"→目标对象为"Source"→在第四个选项栏中选择"Execute"→单击"确定"，如图 7-59 所示。

（2）添加 Source 与 Queue 的 I/O Connection：在"传送带"窗口中选择"信号和连接"选项→在"I/O 连接"下单击"添加 I/O Connection"→源对象为"Source"→源信号为

"Execute"→目标对象为"Queue"→在第四个选项栏中选择"Enqueue"→单击"确定",如图7-60所示。

图7-59 添加传送机与Source信号连接

图7-60 添加Source与Queue信号连接

（3）添加PlaneSensor与Source的I/O Connection：在"传送机"窗口中选择"信号和连接"选项→在"I/O连接"下单击"添加I/O Connection"→源对象为"PlaneSensor"→源信号为"SensorOut"→目标对象为"Queue"→在第四个选项栏中选择"Enqueue"→单击"确定"，如图7-61所示。

（4）添加PlaneSensor与传送机的I/O Connection：在"传送机"窗口中选择"信号和连接"选项→在"I/O连接"下单击"添加I/O Connection"→源对象为"PlaneSensor"→源信号为"SensorOut"→目标对象为"传送机"→在第四个选项栏中选择"do_boxin"→单击"确定"，如图7-62所示。

图7-61 PlaneSensor与Source的信号连接

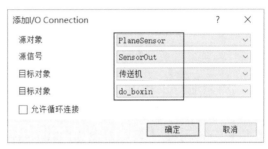

图7-62 PlaneSensor与传送机的信号连接

（5）添加LogicGate[NOT]与传送机的I/O Connection：在"传送机"窗口中选择"信号和连接"选项→在"I/O连接"下单击"添加I/O Connection"→源对象为"LogicGate_2[NOT]"→源信号为"Output"→目标对象为"Source"→在第四个选项栏中选择"Execute"→单击"确定"，如图7-63所示。

（6）添加PlaneSensor与LogicGate[NOT]的I/O Connection：在"传送机"窗口中选择"信号和连接"选项→在"I/O连接"下单击"添加I/O Connection"→源对象为"PlaneSensor"→源信号为"SensorOut"→目标对象为"LogicGate_2[NOT]"→在第四个选项栏中选择"InputA"→单击"确定"，如图7-64所示。

图 7-63　LogicGate 与传送机信号连接

图 7-64　PlaneSensor 与 LogicGate 的连接

（7）添加 SimulationEvents 与 LogicSRLatch 的 I/O Connection：在"传送机"窗口中选择"信号和连接"选项→在"I/O 连接"下单击"添加 I/O Connection"→源对象为"Simulation-Events"→源信号为"SimulationStopped"→目标对象为"LogicSRLatch_2"→在第四个选项栏中选择"Reset"→单击"确定"。添加 SimulationEvents 与 LogicSRLatch 连接：在"传送机"窗口中选择"信号和连接"选项→在"I/O 连接"下单击"添加 I/O Connection"→源对象为"SimulationEvents"→源信号为"SimulationStarted"→目标对象为"LogicSRLatch_2"→在第四个选项栏中选择"Set"→单击"确定"，如图 7-65 所示。

图 7-65　SimulationEvents 与 LogicSRLatch 连接

（8）添加 LogicSRLatch 与 PlaneSensor 的 I/O Connection：在"传送机"窗口中选择"信号和连接"选项→在"I/O 连接"下单击"添加 I/O Connection"→源对象为"LogicSRLatch_2"→源信号为"Output"→目标对象为"PlaneSensor"→在第四个选项栏中选择"Active"→单击"确定"，如图 7-66 所示。

图 7-66　LogicSRLatch 与 PlaneSensor 信号连接

▶任务评价

任务名称							
姓名		小组成员					
指导教师		完成时间			完成地点		
评价内容	自我评价			教师评价			
	掌握	知道	再学	优	良	合格	不合格
创建码垛夹爪 SC 组件							
添加组件与设置属性							
添加码垛夹爪 Smart 组件的属性连接							
创建码垛夹爪与组件的属性与连接							
安装码垛夹爪 Smart 组件							
创建传送带的 Smart 组件							
添加传送带组件的子组件							
添加传送带 Smart 组件的属性与连接							
添加传送带 Smart 组件的信号与连接							
工装整洁,工位干净;遵守纪律,爱护设备;全程操作规范,符合安全文明生产要求							

▶任务拓展

在 RobotStudio 中利用 Smart 组件制作秒针

1. 新建工作站

在菜单栏中选择"文件"→单击"新建"→选择"空工作站"→单击"新建"。

2. 创建一个锥体

单击"文件"→选择"固体"→单击"锥体"→创建"锥体",如图 7-67 所示→在如图 7-68 所示的锥体设置框中按照图示内容进行设置锥体属性。

3. 重命名锥体设置颜色

选择"锥体"→单击右键→选择"设定颜色"→选择自己喜欢的颜色→单击"确定",如图 7-69 所示→重命名椎体,如图 7-70 所示。

4. 创建 SMART 组件并设置属性

(1)设置 Time 组件:选择"Smart 组件"→单击右键,选择"重命名",如图 7-71 所示→单击"添加组件"→选择"信号与属性"→单击"Timer",如图 7-72 所示→在弹出的属性框中设置其属性。

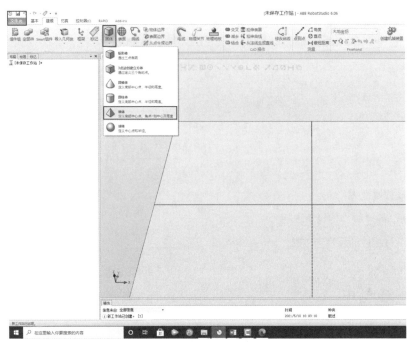

图 7-67　创建锥体

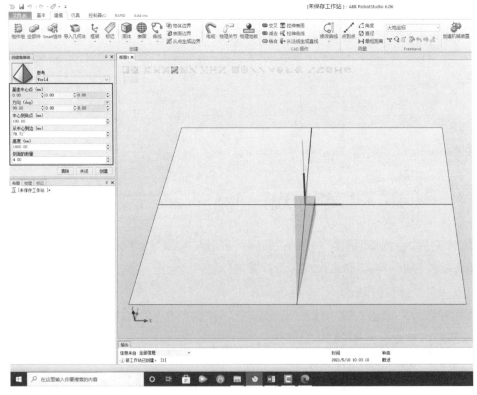

图 7-68　设置锥体属性

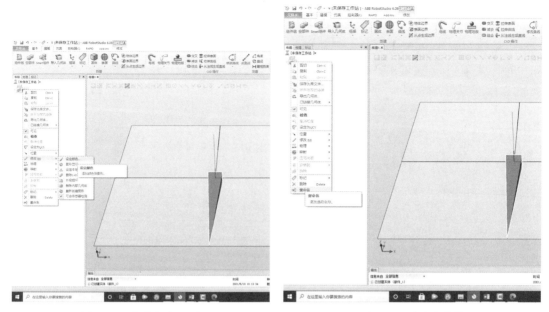

图 7-69　锥体颜色设置

图 7-70　重命名锥体

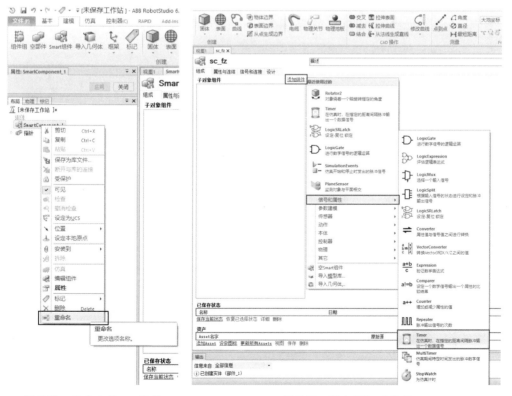

图 7-71　重命名 Smart 组件

图 7-72　添加"Time"组件

（2）添加 Smart 组件：单击"添加组件"→选择"信号与属性"→单击"Timer"→在弹出的属性框中设置其属性，如图 7-73 所示。

图 7-73　添加 Smart 组件

5.仿真并运行

（1）添加信号连接：单击"信号与连接"→单击"添加 I/O Connection"→源对象为"Timer"→源信号为"Output"→目标对象为"Rotataor"→在第四个选项栏中选择"Execute"→单击"确定"，如图 7-74 所示。

（2）仿真运行：单击"仿真"→选择播放按钮→秒针即可按照秒运行。

图 7-74　添加信号连接

任务三　离线码垛程序仿真运行

▶任务描述

搬运工作站创建完成后就可以对机器人进行离线编程,本任务将利用虚拟示教器对工业机器人码垛工作站进行 I/O 配置、坐标系的设定、程序编写、调试、工作站仿真的设置、示教目标点等操作。

▶相关知识

一、WHILE 条件判断循环指令

1. WHILE 指令结构定义

(1)While 指令结构。

WHILE ＜EXP＞ DO

　＜SMT＞

ENDWHILE

＜SMT＞是指令输入的地方,一般光标选中＜SMT＞,然后添加指令。＜EXP＞是条件部分,光标选中后输入内容。＜EXP＞部分可以是表达式,也可以是多个表达式之间的与、异或求余等关系,条件的结果只有对错,如下所示:

对 ＝1 ＝true ＝ON

错 ＝0 ＝false ＝OFF

(2)执行过程

WHILE 条件判断循环指令一般用于根据特定条件而重复执行相关内容,即只要 WHILE 后面的条件＜EXP＞成立则一直执行 WHILE 和 ENDWHILE 之间的指令片段,直到 WHILE 后面条件＜EXP＞不成立时程序指针才跳出到 ENDWHILE 的下一条指令继续往下运行,而且一般 WHILE 后面的条件变化要放在 WHILE 和 ENDWHILE 指令之间。

2. while 举例说明

WHILE 有限循环:

reg1 ： ＝ 1；

WHILE reg1 ＜ ＝ 10 DO

reg1 ： ＝ reg1 ＋ 1；

ENDWHILE

执行说明:初始化 reg1 ＝1,执行 while 指令时,先判断 reg1 ＜ ＝10 的条件是否成立,如果条件成立则执行循环语句内的内容,while 中每次执行一次 reg1：＝reg1 ＋1,即 reg1 自加 1;执行完一轮以后程序指针又跳到 while 指令去第二次判断 reg1 ＜ ＝10 条件是否成立,条件成立则又继续执行循环语句内的内容 reg1：＝reg1 ＋1,即 reg1 又自加 1 次;这样重复判断条件重复执行 while 中的指令,直到条件 reg1 ＜ ＝10 不成立,即 reg1 ＝11 时,程序执行指针才会跳转到 endwhile 指令后面,结束 while 指令,往下继续运行。

3. WHILE 无限循环(死循环)

WHILE TRUE DO

<SMT>

ENDWHILE

执行说明:while 指令的条件是 true,即条件一直成立,所以程序指针执行到 while 指令以后,程序就会一直永远地执行 while 指令,程序指针不会跳出到 endwhile 指令后面继续往下运行,所以这里的 while 就是一个死循环,即无限循环。一般可以用在编写程序正常自动运行部分,让机器人正常工作时处于永远执行。

二、FOR 重复执行判断指令

1. FOR 指令

(1)FOR 指令结构

FOR <ID> FROM <EXP> TO <EXP> STEP <EXP> DO

<SMT>

ENDFOR

<ID>:循环判断变量

第一个<EXP>:变量起始值,第一次运行变量等于这个值;

第二个<EXP>:变量终止值,或者叫末尾值;

第三个<EXP>:变量的步长,每运行一次 FOR 语句变量值自加这个步长值,在默认情况下,step <EXP>是隐藏的,是可选项。

(2)执行过程

FOR 重复执行判断指令一般用于重复执行特定次数的程序内容。程序指针执行到 FOR 指令时,第一次运行时,变量<ID>的值等于第一个<EXP>的值,然后执行 FOR 和 ENDFOR 指令的指令片段,执行完以后变量<ID>的值自动加上步长第三个<EXP>的值;然后程序指针跳去 FOR 指令,开始第二次判断变量<ID>的值是否在第一个<EXP>起始值和第二个<EXP>末端值之间,如果判断结果成立,则程序指针继续第二次执行 FOR 和 ENDFOR 指令的指令片段,同样执行完后,变量<ID>的值继续自动加上步长第三个<EXP>的值;然后程序指针又跳去 FOR 指令,开始第三次判断变量是否在起始值和末端值之间,如果条件成立则又重复执行 FOR 指令,变量又自动加上步长值;直到当判断出变量<ID>的值不在起始值和末端值之间时,程序指针才跳到 ENDFOR 后面继续往下执行。

2. FOR 举例说明

X : = 0;

FOR i FROM 6 TO 10 STEP 2 DO

X : = X + i;

ENDFOR

执行说明:初始化 X : = 0,然后程序进入 FOR 重复判断执行指令。

首次执行时 i 的值等于 6,然后程序执行 FOR 语句,即 X : = X + i 指令, * * 次执行后 X 的值等于 6;执行完 FOR 指令后变量 i 的值自动加上步长 2,即 i = i + 2 = 6 + 2 = 8。

然后程序指针又跳到 FOR 指令,进行第二次判断 i 的值是否属于起始值 6 和末端值 10 之间,因为 8 是大于 6 和小于 10,故判断条件结果成立,程序指针继续第二次执行 FOR 和 ENDFOR 之间的指令片段,即 X : = X + i 指令第二次执行,X = 6 + 8 = 14;执行完 FOR 指令后变量 i 的值自动加上步长 2,即 i = i + 2 = 8 + 2 = 10。

然后程序指针又跳到 FOR 指令,进行第三次判断,因为 i = 10,属于 6 到 10 的范围,故判断条件结果成立,程序指针又进入 FOR 指令,执行 X : = X + i 语句,即 X = X + i = 14 + 10 = 24;执行完 FOR 指令后变量 i 的值自动加上步长 2,即 i = i + 2 = 10 + 2 = 12。

然后程序指针跳到 FOR 指令,第四次判断条件,因为 i = 12 不属于 6 到 10 的范围,所以判断条件结果不成立,此时程序指针才跳到 ENDFOR 指令后面继续往下运行,结束 FOR 指令执行。

总结:上面举例的 FOR 指令总共执行了 3 次,第四次判断以后条件不成立,结束 FOR 指令执行。

3. FOR 指令要点

FOR 指令里面的变量 i 的特点:

①1 次执行 FOR 指令,i 的值等于起始值。

②i 的值在默认情况下,每次循环执行完 FOR 指令以后,i 的值加 1,即步长默认情况下为 1。

③i 的值每次循环执行完 FOR 指令以后,自动加上步长 step < EXP > 指定的 < EXP > 的值。

④i 变量在 FOR 指令当中是特殊的变量存在。

在 FOR 指令结构中可以直接使用而不用预先定义,而且 i 在 FOR 当中的值,就等于 FOR 指定的起始值,每次运行完一次 FOR 指令,自动加上步长值,i 在 FOR 中的值就是和在 FOR 外面的值互不影响。

当 i 在 FOR 指令结构外面,则必须遵循先定义后使用,遵循变量、可变量和常量规则等。

即 i 在 FOR 中的值可以和 i 在 FOR 外面的值互不影响,i 在 FOR 结构中遵循 FOR 变量特点,i 在 FOR 外面则遵循正常编程规则。

▶任务实施

一、任务流程

工作站 I/O 配置→机器人初始化程序→抓取程序→主程序→机器人工作站的仿真设置→示教机器人目标点→工作台仿真运行。

二、具体操作

1. 工作站 I/O 配置

(1)配置一个 DSQC652 通信板卡:单击示教器→选择"控制面板"→单击"配置"→选择 "DeviceNet Device"→填写相应 I/O 端口的参数→单击"确定"→重启。

（2）设置机器人的工具坐标。

（3）配置 I/O 信号，分别配置 3 个 I/O 信号，配置 di_plint，如图 7-75 所示→配置 dp_grip，如图 7-76 所示→配置 di_boxin，如图 7-77 所示。

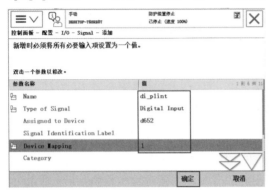

图 7-75　I/O 端口的设置　　　　　　图 7-76　I/O 端口的设置

图 7-77　I/O 端口的设置

2.机器人初始化程序

（1）程序模块和例行程序的建立：打开程序编辑器→选择"文件"→单击"新建模块"→默认名称；单击"确

初始化程序的输入

定"→双击"module1"→选择例行程序→"文件"→"新建例行程序"→命名为"rInitAll"→新建例行程序 main→新建例行程序"rPick-Place1"，如图 7-78 所示→新建例行程序

"rInitAll"，如图 7-79 所示。

图 7-78　创建"rPickPlace1"例行程序　　　　图 7-79　创建"rInitAll"例行程序

（2）初始化程序的输入：双击"rInitAll"→添加指令→单击"Settings"→单击"AccSet"→设置加速度→单击"下一个"→选择"Vetset"→选择"编辑"→设置速度→单击"确定"→单击"添加指令"→选择"common"→单击"set 指令"→选择"do_grip"→单击"确定"→设置变量初值（x：=1，y：=0）→"添加指令"→common 中选择"：="→更改参数→让机器人回到

home 点（参照项目六的方法），如图 7-80 所示。

（3）机器人初始化程序：

PROC rInitAll( )

　　　VelSet 70,1000；

　　　AccSet70,70；

　　　 Reset do_grip；

　　　x：=1；

　　　y：=0；

　　　MoveJ pHome,v1000,fine,Grip\WObj：= wobj0；

ENDPROC

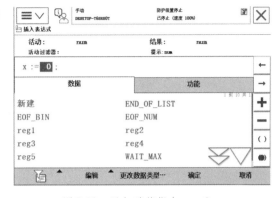

图 7-80　添加赋值指令 x：=0

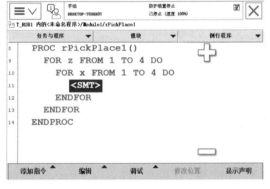

图 7-81　循环指令的输入

3.抓取程序

（1）循环语句的输入（FOR 语句）的输入：双击 "rPickplace1"→单击"添加指令"→在 common 中选"FOR"→选择"ID"→单击"编辑"→单击"更改所选内容"→输入相应的值→单击"确定"→更改 FORM 后的值→更改 TO 后的值→单击"确定"→同理输入第二个 FOR 语句,如图 7-81 所示。

（2）夹取程序编写：

①编写机器人运动到夹取上方点程序：单击示教器→单击"添加指令"→选择"MoveJ",如图 7-82 所示→单击" ∗ "→选择"功能"→偏移指令 Offs,如图 7-83 所示→在 Offs 功能指令中输入"pick"→在 Offs 功能指令中分别输入(0,0,100)的偏移距离,如图 7-84 所示→将转弯半径数据 z50 改为到点 fine→选择速度 v200,如图 7-85 所示。

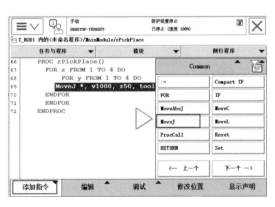

图 7-82　到达夹取点上方点 1

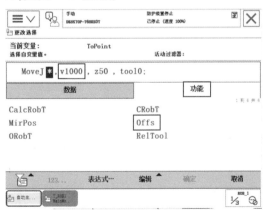

图 7-83　到达夹取点上方点 2

263

图 7-84　到达夹取点上方点 3

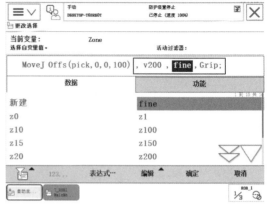

图 7-85　到达夹取点上方点 2

②编写运动到夹取点程序：单击"添加指令"→选择"MoveL 指令"，如图 7-86 所示→单击"＊"→在弹出来的对话框中选择"pick"→然后选择 z50 上→选择"编辑"→选择"仅限选定内容"→将转弯半径数据 z50 改为到点 fine→选择速度 v200→将工具坐标改为 Grip，如图7-87 所示。

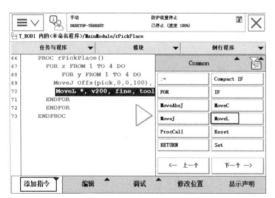

图 7-86　编写夹取点程序①

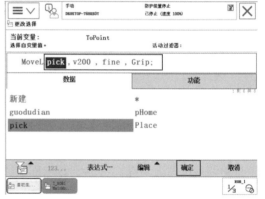

图 7-87　编写夹取点程序②

③添加夹取程序：单击"添加指令"→单击"Set"，如图 7-88 所示→选择"do_grip"，如图7-89 所示→单击"确定"，这时夹取程序添加完成。

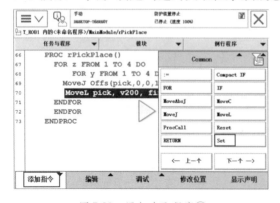

图 7-88　添加夹取程序①

图 7-89　添加夹取程序②

④添加延时程序：单击"添加程序"→单击"WaitTime 指令"，如图 7-90 所示→选择

"EXP"→单击"123…"→在弹出的数字输入框中输入"2",如图7-91所示→单击"确定",这时延时程序添加完成。

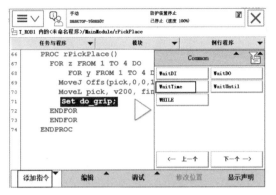

图7-90　添加延时程序①

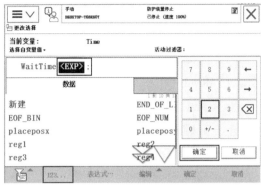

图7-91　添加延时程序②

⑤编写机器人回夹取上方点程序:单击运动到夹取到上方点程序→单击"编辑"→选择"复制",如图7-92所示→单击"粘贴"→选择"更改为MoveL",这时机器人将码垛块夹取到夹取点上方100 mm处,如图7-93所示。

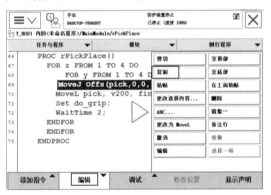

图7-92　复制程序

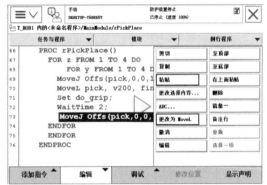

图7-93　夹取上方点

(3)放置程序的输入:

①编写机器人运动到码垛点上方程序:用同样的方法在偏移功能指令offs中输入[X方向偏移placepos(z),y方向偏移placepos(y),Z方向偏移100mm]→将转弯半径数据z50改为到点fine→选择速度v200→单击"reset"→选择"do_grip"→单击"添加指令"→选择"WaitTime"→设置等待时间为2 s→单击"编辑"→输入等待时间→选择Offs指令→选择"WaitTime 2"→单击"粘贴"→完成。

②复制码垛上方点程序→单击"150"→将Offs指令中"150"改为"x * 10",如图7-94所示→完成。

③采用同样的方法编写夹爪放开程序和延时程序。

(4)抓取的参考程序:

PROC rPickPlace1( )

　　FOR z FROM 1 TO 4 DO

```
FOR x FROM 1 TO 4 DO
    MoveJ Offs(pPallet_Pick1,0,0,100),v1000,z10,Grip\WObj:=wobj0;
    MoveL pPallet_Pick1,v1000,fine,Grip\WObj:=wobj0;
    Set do_grip;
    WaitTime 1;
    MoveL Offs(pPallet_Pick1,0,0,100),v1000,z10,Grip\WObj:=wobj0;
    MoveJOffs(pPallet_Place1,PalletPos{x,1},PalletPos{x,2},150),v1000,z10,Grip\
WObj:=wobj0;
    MoveLOffs(pPallet_Place1,PalletPos{x,1},PalletPos{x,2},y*11),v1000,fine,
Grip\WObj:=wobj0;
    ReSet do_grip;
    WaitTime 1;
    MoveLOffs(pPallet_Place1,PalletPos{x,1},PalletPos{x,2},150),v1000,z10,Grip\
WObj:=wobj0;
    MoveJ Offs(pPallet_Pick1,0,0,100),v1000,z10,Grip\WObj:=wobj0;
    ENDFOR
    Incr y;
    ENDFOR
Pallet_Full1:=TRUE;
ENDPROC
```

4. 主程序

单击 main 例行程序→单击添加指令→选择 Procall 的 rInitAll→单击确定→添加 WHILE 语句→编辑→x<=4→添加指令→IF 语句→di_boxin=1→Procall→rpickplace1→添加指令→incr x→完成,程序输入完之后如图 7-94 所示。

主程序的输入

图 7-94 主程序的输入

```
PROC main()
        rInitAll;
            MoveJ pHome,vMidSpeed,fine,Grip\WObj:=wobj0;
```

```
WHILE TRUE DO
IF di_boxin = 1and Pallet_Full1 = FALSE THEN
    rPickPlace1 ;
ENDIF
MoveJ pHome,vMidSpeed,fine,Grip\WObj：= wobj0；
    ENDWHILE
ENDPROC
```

5. 机器人工作站的仿真设置

（1）添加 I/OI/O Signals：单击仿真选项卡→单击"工作站逻辑"→在"信号和连接"下单击添加 I/O Signals→信号类型为"DigitalInput"→输入"start"→单击"确定"，如图 7-95 所示。

信号设置并运行

图 7-95　工作站信号设置

（2）添加 I/O Connection 信号连接：单击仿真选项卡例行程序→单击"工作站逻辑"→在"信号和连接"下单击添加 I/O Connection→源对象为"maduo_3"→目标对象为"码垛夹爪 SC"→单击"确定"，如图 7-96 所示。同理按照图中所示添加后面工作站与系统的连接，如图 7-97 所示→系统与"码垛夹爪 SC"的连接→系统与传送带的连接，如图 7-98 所示。

图 7-96　添加信号连接

图 7-97　添加工作站与系统的连接

6.示教机器人目标点

（1）示教安全位置点 pHome：选择 IRB120 机器人，单击右键→单击"回到机械原点"，如图 7-99 所示→单击"虚拟示教器"→选择"程序编辑器"→选择"main"→选择"pHome 点"程序→单击"修改位置"，这时候位置已经修改，如图 7-100 所示→选择"完成"，示教安全位置点。

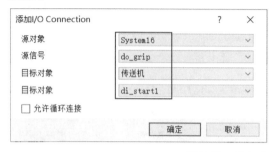
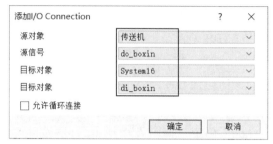

图 7-98　添加系统与传送机的连接

注意：这种方法是在知道点的位置的情况下进行的，同时也可以通过拖动机器人去示教。

图 7-99　机器人回原点

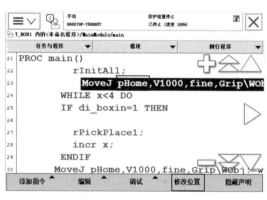

图 7-100　示教安全位置点

（2）示教 pick 点：单击"虚拟示教器"→选择"程序编辑器"→选择"main"→选择"pick 点"程序→单击"修改位置"，这时候位置已经修改，如图 7-101 所示→选择"完成"。

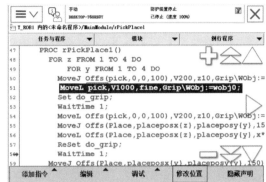

图 7-101　示教 pick 点

注意:在示教点时应该选择将夹爪夹住码垛块,并在面传感器前面。

(3)示教 place 点:单击"虚拟示教器"→选择"程序数据"→选择"robtarget"→单击"Place",如图 7-102 所示→双击"Place"→将 X 的值改为"300"、Y 值改为"30"、Z 改为"300",如图 103 所示→单击"确定"→完成。

注意:这是知道机器人的点的位置的情况,如果不知道具体的坐标值还是选择示教 Phome 点的方法。

图 7-102　选择示教 Place 点　　　　　　　　图 7-103　编辑 Place 点

7. 工作台仿真运行

单击仿真选项卡例行程序→I/O 仿真器→单击"选择系统",名称改为"工作站信号"→单击"start"工作站启动信号,如图 7-104 所示→单击工作仿真开始按钮→开始仿真,如图 7-105 所示。

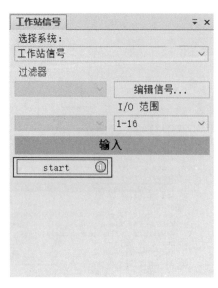

图 7-104　打开"工作站信号"　　　　　图 7-105　工作站开始工作

▶任务评价

任务名称							
姓名		小组成员					
指导教师		完成时间			完成地点		
评价内容	自我评价			教师评价			
	掌握	知道	再学	优	良	合格	不合格
工作站 I/O 配置							
输入机器人初始化程序							
输入抓取程序							
输入主程序							
机器人工作站的仿真设置							
示教机器人的目标点							
工作站仿真运行							
工装整洁,工位干净;遵守纪律,爱护设备;全程操作规范,符合安全文明生产要求							

▶任务拓展

RAPID 中程序的修改

在 RobotStudio 工业机器人仿真软件中可以利用机器人示教器进行机器人在线编程,这种方式比较准确,但是修改程序慢。在现实的仿真工作站中可以利用工业机器人 PAPID 编程器进行程序的修改与编写。

　　程序修改：选择 RAPID→单击 RAPID 前的小三角，单击"MainModule"→修改 PAPID 程序，如图 7-106 所示→调试程序无错误→选择"同步"下的"同步到工作站"→然后仿真练习，如图 7-107 所示。

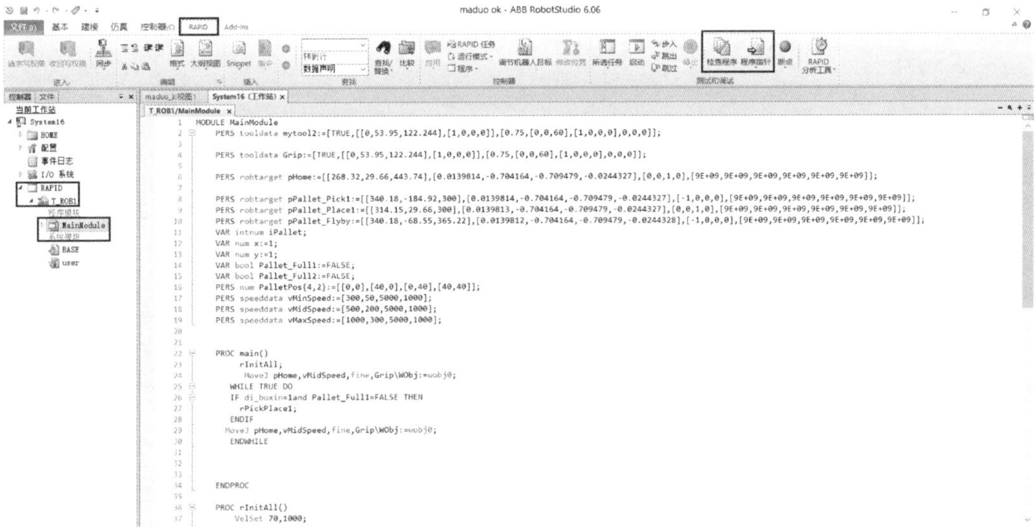

图 7-106　修改 PAPID 程序

图 7-107　仿真练习

▶项目练习

　　按以下要求创建工业机器人搬运工作站：

　　(1)新建空工作站解决方案，名称为"码垛"，位置为 D 盘根目录。

　　(2)导入"夹爪"工具模型，创建本地原点，创建夹爪工具。

　　(3)导入 IRB120 型机器人，导入夹爪工具，并装配到机器人的法兰盘上，根据已有布局创建机器人系统，系统命名为"maduo"。

　　(4)创建夹爪工具的 Smart 组件，实现对物件的吸取和放置。

　　(5)编写夹取 RAPAD 程序，实现将传动带上的物料夹取到码垛台上。

　　(6)仿真运行并录像，导出播放。